Photoshop
CS4

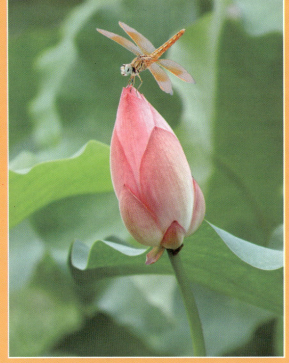

效果图1（单元2 任务2.1 P25）

BUTTERFLY

效果图2（单元4 任务4.2 P77）

效果图3（单元4 任务4.1 P70）

效果图4（单元6 任务6.2 P131）

1

效果图5（单元2 任务2.1 P28）

效果图6（单元3 任务3.2 P51）

效果图7（单元6 任务6.1 P123）

效果图8（单元9 任务9.1 P200）

效果图9（单元8 任务8.1 P174）

效果图10（单元9 任务9.6 P219）

效果图11（单元5 任务5.1 P106）

效果图12（单元3 任务3.1 P42）

效果图13（单元2 任务2.1 P30）

Photoshop
CS4

3

效果图14（单元2 任务2.2 P32）

Photoshop CS4

效果图15（单元6 任务6.3 P134）

效果图16（单元2 任务2.1 P26）

你还抽吗？

效果图17（单元7 任务7.1 P146）

中等职业教育"十三五"规划教材

计算机动漫与游戏制作专业创新型系列教材

计算机图形图像处理
——Photoshop CS4 技能应用教程
(修订版)

王铁军　邓昌文　主编

庄　芳　袁　霞　李浩明　副主编

科学出版社

北　京

内 容 简 介

　　本书全面介绍了 Photoshop CS4 的基本操作知识与操作技巧，重点在于技能实践的应用，内容由浅入深，循序渐进。主要包括：Photoshop CS4 的工作界面、图层基础、广告设计基础知识、选区工具的应用、绘图及文字工具的应用、路径及其他工具的应用、图像色彩的修饰、图层的应用、通道和蒙版的应用、滤镜的应用等内容，在最后一个单元安排了几个综合训练。各单元主要以实践操作为主，全部案例都有设计目的、操作要求、技能点拨和创作步骤，重点在于提高学员的实际设计与创作能力，每单元都配有习题检测和完整的学习资源包。

　　本书适合作为中等职业学校计算机类及艺术类等相关专业的图形图像处理课程的教材，既适合图形图像设计的初学者，也适合具有一定图形图像处理基础的学员参考使用。

图书在版编目(CIP)数据

　　计算机图形图像处理：Photoshop CS4 技能应用教程（修订版）/王铁军，邓昌文主编. —北京：科学出版社，2017

　　ISBN 978-7-03-030138-3

　　Ⅰ.①计⋯　Ⅱ.①王⋯　②邓⋯　Ⅲ.①图形软件，Photoshop CS4–专业学校–教材　Ⅳ. ①TP391.41

　　中国版本图书馆 CIP 数据核字（2011）第 014898 号

责任编辑：陈砺川 / 责任校对：刘玉靖
责任印制：吕春珉 / 封面设计：东方人华平面设计部

科学出版社 出版
北京东黄城根北街 16 号
邮政编码：100717
http://www.sciencep.com
铭浩彩色印装有限公司 印刷
科学出版社发行　　各地新华书店经销

*

2011 年 3 月第 一 版　　开本：787×1092　1/16
2017 年 12 月修 订 版　　印张：16 1/4 彩插：2 页
2021 年 1 月第十六次印刷　　字数：310 000

定价：43.00 元（含光盘）

（如有印装质量问题，我社负责调换〈铭浩〉）

销售部电话 010-62134988　编辑部电话 010-62132703-8020

本书编写委员会

主　　编　王铁军　邓昌文

副主编　庄　芳　袁　霞　李浩明

编　　委　郭玉刚　肖学华　郭旭辉　黄建民

　　　　　谢世芳　朱立平　陈素晴　黄　俊

　　　　　温浩亮　朱思进　梁结坚　尤玉梅

　　　　　方万源　罗文坚　罗慧贤　何倍廷

　　　　　孙　俭　王懋芳　温荣详　叶华英

　　　　　鲁东晴　黄四清

审　　定　何文生

前　言

在众多图形图像处理的软件中，功能最强大、应用最广泛的莫过于 Adobe 公司的 Photoshop 软件，它以其超强的功能和可扩展的开发性，使设计者们的工作变得更加高效和快捷，在电脑美术设计、广告设计、数码产品处理、出版印刷、网络应用等领域都得到了广泛应用。Photoshop CS4 更是以其简洁的操作界面、改进的 Bridge/Camera Raw 功能、新增的调整面板和蒙版面板、3D 功能等使得设计者的创作变得更加得心应手。

本书主要以"任务引领"的教学理念作为指导，以提高学生的创新设计能力和技能操作水平为目标而编写，同时，考虑到 Photoshop 考证的需求，教学方式采用"任务驱动，分层实践，能力评价"的思路，使不同的学员均能体验成功。为此，本书汇集了珠三角地区 10 余所省级以上重点中职学校平面设计应用专业教学一线教师的劳动成果，这些教师从各自的实际出发，将自己在多年教学实践中积累的大量的典型案例和教学经验经加工整理后呈现给各位学员，无论对教学、考证、竞赛还是自学者，都能给予较大的启迪。相信本书在面向学生的实践应用、教学方法的引领和教学效果的评价上，都具有较大的指导意义。

■ 本书各单元设计特色

（1）学习目标：列出本单元的知识学习目标和技能应用目标，通过阅读学习目标，使学员能对本单元学习内容有个初步了解。

（2）基本任务的完成：分为"知识准备"和"实践操作"两部分。"知识准备"主要介绍本单元在学习中用到的命令选项功能及其使用方法。"实践操作"主要分为基础实训和拓展实训两部分。基础实训是对本单元知识的基本功能应用，拓展实训是在基本技能应用之上进行设计与创作的训练，难度定位在 Photoshop 技能中级证的层次上。所有实践操作的案例都有"设计目的"、"操作要求"、"技能点拨"和"创作步骤"，便于提高学习者的分析、设计与创作能力。各案例创作步骤讲解详细，便于学生突破创作障碍。

（3）技能巩固与提高：每个单元都设计了作为技能巩固与提高的任务，对有更高需求的学习者能进一步进行"拔高"内容的学习，这样既兼顾了大多数学生，又满足了部分接受能力强的学生的学习需求。本部分难度定位在 Photoshop 技能高级证书考试和技能竞赛的层次上，这也是本书的设计特色之一。

以上三部分的层次特点在第 2～8 单元中得到了充分体现。第 1 单元，主要以 Photoshop 的工作界面与图层的概念为主，附带了 Photoshop 在广告设计中的有关应用，让学员易入门，并能明白学这门课的用处。第 9 单元设计了几个综合实训，以实现前面几个单元所学内容的综合应用，达到提高学员综合设计创作能力的目的，也是对书中内容学习掌握程度的一个检测与评价。

（4）案例小结：当每个案例完成后，都对案例进行总结，帮助学员提炼所学技能。

（5）学习资源包：本书的学习资源包括每单元的教学素材、效果图、课件、操作视频，以及每单元后习题的参考答案。

■ 本书的内容与课时分配

本书学习的总课时为 96 课时。其中：教材基本内容讲解 28 课时，技能应用实操训练 68 课时。建议在机房完成全部教学任务。

■ 本书的定位

本书适合作为中等职业学校计算机类及艺术类等相关专业的图形图像处理课程的教材，既适合图形图像设计的初学者，也适合具有一定图形图像处理基础的学员参考使用。

■ 本书的作者

本书的作者都是多年从事 Photoshop 教学、考证辅导、竞赛辅导的一线教师，拥有丰富的教学实践经验，对教材把握准确，对学员的学情分析透彻。同时，感谢何文生主任对本书提出的宝贵意见及最终审定。

由于作者水平有限，书中难免存在疏漏之处，敬请广大读者指正。

目 录

单元 5　图像色彩的修饰　　　　　　　　　　　99

单元 6　图层的应用　　　　　　　　　　　　121

单元7 通道和蒙版的应用　　　141

单元 1

Photoshop CS4 基础

本单元学习目标

- 熟悉Photoshop 的工作环境与界面。
- 能对Photoshop CS4的工作界面进行常规操作，能设置Photoshop CS4工作环境。
- 能进行目标文件的基本操作，懂得图像获取和输出的方法。
- 认识并理解图层的概念，能简单运用图层的基础知识。
- 了解用Photoshop CS4进行平面广告设计的基础知识。

任务1.1　认识Photoshop CS4的工作界面

■ 知识准备

1．Photoshop CS4 的启动与退出

Photoshop CS4 是一款功能强大、使用广泛的平面图像处理软件，能高效地完成图像编辑任务，是众多平面设计师进行平面设计、图形和图像处理的首选软件。

启动 Photoshop CS4 有以下几种方法。

1）直接单击 Windows 桌面左下方的【开始】/【所有程序】/【Adobe Photoshop CS4】命令。

2）在桌面创建快捷方式。单击 Windows 桌面左下方的【开始】/【所有程序】命令，右击【Adobe Photoshop CS4】菜单项，在弹出的快捷菜单中选择【发送到】/【桌面快捷方式】命令，双击桌面【Adobe Photoshop CS4】图标。

3）双击相关的 Photoshop 文件也可以启动 Adobe Photoshop CS4。

关闭 Photoshop CS4 的方法如下。

1）单击 Photoshop CS4 工作界面右上角的【关闭】按钮。

2）单击 Photoshop CS4 工作界面菜单栏下的【文件】/【退出】命令。

3）在主界面环境下使用组合键 *Ctrl* + *Q*。

4）单击 Photoshop CS4 工作界面左上角的控制菜单图标 Ps 。

2．Photoshop CS4 工作界面

Photoshop CS4 的工作界面如图 1-1-1 所示，由标题栏、菜单栏、工具栏、属性栏（又称工具选项栏）、工作区、浮动面板和状态栏等组成。

（1）标题栏

标题栏的左边为应用程序栏，右边为工作场景切换器，具体功能和操作如下。

Ps ：单击该按钮可以选择【还原】、【移动】、【大小】、【最小化】、【最大化】、【关闭】等操作命令。

Br ：单击该按钮可打开 Bridge CS4 媒体管理器，它可以管理、浏览、定位和查看创作资源。

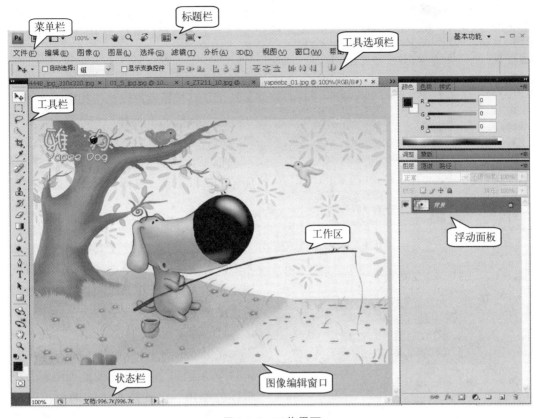

图 1-1-1　工作界面

: 选择相关选项可以显示或关闭参考线、网格、标尺。

![100%]: 缩放级别。可以直接在缩放级别文本框内输入缩放百分比，进行图片的放大和缩小。

![手]: 手抓工具。用来拖动、观看图片。

![放大镜]: 缩放工具。用来放大或缩小图片（直接单击放大镜则为放大图片，若同时按住 **Alt** 键则是缩小状态）。

![]: 旋转视图工具。单击可以对图片进行旋转，从而观看图片不同角度的效果。

![]: 排列文档按钮。打开多张图片时进行多样式的排列。

![]: 屏幕模式。可以选择多种屏幕显示模式，如标准屏幕、带菜单栏的全屏幕、全屏模式。

![基本功能]: 工作模式。可以选择【基本功能】、【基本】、【CS4新增功能】、【高级 3D】、【分析】、【自动】、【颜色和色调】、【绘图】、【样本】、【排版】、【视频】、【Web】等多种工作模式。

（2）菜单栏

菜单栏中共有 11 个菜单，其中每个菜单都带有一组自己的命令。使用菜单栏中的菜单可以执行 Photoshop CS4 的许多命令来完成文件的操作。

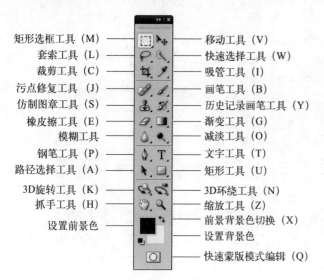

矩形选框工具 (M) —————— 移动工具 (V)
套索工具 (L) —————— 快速选择工具 (W)
裁剪工具 (C) —————— 吸管工具 (I)
污点修复工具 (J) —————— 画笔工具 (B)
仿制图章工具 (S) —————— 历史记录画笔工具 (Y)
橡皮擦工具 (E) —————— 渐变工具 (G)
模糊工具 —————— 减淡工具 (O)
钢笔工具 (P) —————— 文字工具 (T)
路径选择工具 (A) —————— 矩形工具 (U)
3D旋转工具 (K) —————— 3D环绕工具 (N)
抓手工具 (H) —————— 缩放工具 (Z)
设置前景色 —————— 前景背景色切换 (X)
—————— 设置背景色
—————— 快速蒙版模式编辑 (Q)

图 1-1-2　工具栏

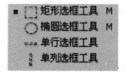

图 1-1-3　选框工具

图 1-1-4　显示或隐藏面板

(3) 工具栏

工具栏默认的位置位于 Photoshop CS4 界面的左侧，包含了绘制和编辑图形图像的所有工具，如图 1-1-2 所示。单击某一个工具按钮就可以执行相应的功能。

工具图标右下角有一个黑三角，表明这些工具后面还有一些隐藏工具。单击矩形选框工具的右下角，则出现如图 1-1-3 所示的选框工具，具体内容将在后文进行介绍。

(4) 工具选项栏

工具栏中的每一个工具都一一对应着不同的参数，通过工具选项栏可以设置所选工具相关属性。工具选项栏中的参数因所选工具不同而发生改变。

(5) 浮动面板

在 Photoshop CS4 窗口右侧有许多默认的浮动面板，它们在图像处理中起着决定性的作用，尤其是其中的图层控制面板、通道控制面板和路径控制面板，几乎所有图像的处理都离不开应用这些面板。对浮动面板可以通过菜单栏中的 窗口(W) 命令来选择欲显示的面板，同时也可以隐藏不想显示的面板。

在 Photoshop CS4 中单击图 1-1-4 所示面板中的 按钮可以展开或隐藏面板。

同时，各种浮动面板可以在使用中通过拖动来随意组合，也可以根据屏幕显示需要，隐藏或显示某个浮动面板。在需要分离的面板组的最上方拖动欲分离的面板名称向外拖曳，直至蓝色框消失，释放鼠标，此时面板与面板组分离。例如颜色面板组如图 1-1-5，其分离后可分离为颜色面板、色板面板和样式面板。

(6) 图像编辑窗口

图像编辑窗口指图像显示和编辑的区域。Photoshop CS4 图像编辑窗口采用选项卡的方式，可方便在不同图片之间

切换。可以单击某个选项卡来查看该选项卡下面的图片，或按 **Ctrl** +
Tab 组合键来进行切换，同时还可以像浮动面板一样拖动某个选项
卡，将其放置在其他选项卡前面或后面。

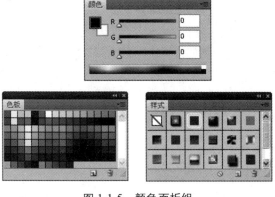

图 1-1-5　颜色面板组

（7）状态栏

它能显示一些当前打开图像的文件信息、当前操作工具的信息、
各种操作提示信息等，单击右下角的小三角可以改变当前的显示状
态。状态栏如图 1-1-6 所示。

图 1-1-6　状态栏

任务1.2　掌握Photoshop CS4 图像文件的基本操作

■ 知识准备

1. 文件的建立、打开与保存

（1）新建文件

选择菜单栏中的【文件】/【新建】命令或者按 **Ctrl** + **N** 组合键，
出现【新建】对话框，如图 1-2-1 所示。

1）像素（Pixel）是构成位图的最小单位，位图图像在高度和宽
度方向上的像素总量称为图像的像素大小。当位图图像放大到一定程
度时，所看到的一个一个的色块（像马赛克）就是像素，一个像素只
显示一种颜色。

2）分辨率（Resolution）是指单位长度上像素的数目，其单位为"像
素 / 英寸"或"像素 / 厘米"，包括显示器分辨率、图像分辨率和印刷

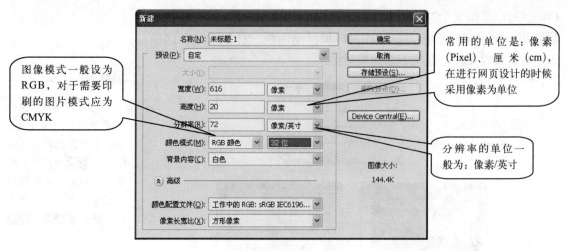

图像模式一般设为 RGB，对于需要印刷的图片模式应为 CMYK

常用的单位是：像素 (Pixel)、厘米 (cm)，在进行网页设计的时候采用像素为单位

分辨率的单位一般为：像素/英寸

图 1-2-1 【新建】对话框

分辨率等。如果制作的图像仅用于网上显示，则图像分辨率只需 72 像素／英寸或 96 像素／英寸就可以了。如果图像用于印刷，则应该具有 300 像素／英寸。

3）颜色模式是描述颜色的依据，用于表现色彩的一种数学算法，是指一幅图像用什么方式在电脑中显示或打印输出。常见的颜色模式包括"位图"、"灰度"、"双色调"、"索引颜色"、"RGB 颜色"、"CMYK 颜色"、"Lab 颜色"、"多通道" 及 "8 位或 16 位／通道"等。颜色模式不同，对图像的描述和所能显示的颜色数量就会不同。除此之外，颜色模式还影响通道数量和文件大小。默认情况下，位图、灰度和索引颜色模式的图像只有 1 个通道，RGB 和 Lab 颜色模式的图像有 3 个通道，CMYK 颜色模式的图像有 4 个通道。

4）图像文件格式。Photoshop 支持几十种文件格式，因此能很好地支持多种应用程序。在 Photoshop 中，常见的格式有 PSD、BMP、PDF、JPEG、GIF、TGA、TIFF 等。其中，PSD 格式是 Photoshop 的固有格式，PSD 格式可以比其他格式更快速地打开和保存图像，很好地保存层、通道、路径、蒙版以及压缩方案不会导致数据丢失等。但以这种格式存储的图像文件特别大，要比其他格式的图像文件占用更多的磁盘空间。

（2）打开文件

1）【打开】命令。执行【文件】/【打开】命令，出现如图 1-2-2 所示的对话框。在对话框中可以选择一个文件，或按住 Ctrl 键单击选择多个文件，再单击【打开】按钮即可打开文件。双击文件也可将文件打开。

2）【打开为】命令（打开特定格式的文件）。执行【文件】/【打开为】命令，在【打开为】对话框中可以选择文件，将其打开。对比【打开】命令，使用【打开为】命令打开文件时，需要指定文件的格式。

小贴士

可以按 Ctrl + O 组合键或在 Photoshop 灰色的程序窗口中双击鼠标，来打开如图 1-2-2 所示的对话框。

3)【最近打开的文件】命令。执行【文件】/【最近打开的文件】命令，会显示最近在 Photoshop 中打开的 5 个文件。选择下拉菜单中的【清除最近】命令，可以清除保存的目录。

4）浏览。执行【文件】/【在 Bridge 中浏览】命令可以运行 Adobe Bridge。在 Adobe Bridge 中查找文件时可以观察到文件的预览效果。找到文件后，双击文件即可将其打开。

5）作为智能对象打开。执行【文件】/【打开为智能对象】命令，在【打开为智能对象】对话框中选择一个文件将其打开后，打开的文件将自动转换为智能对象。智能对象可以保留文件的原始数据，在对其进行缩放和旋转时不会产生锯齿，修改源文件时，与之链接的智能对象也会自动更新。

图 1-2-2 【打开】对话框

（3）保存文件

1）【存储】命令。执行【文件】/【存储】命令，可保存对当前图像所做出的修改，文档格式为 Photoshop CS4 默认格式：PSD。如果在编辑图像时新建立了"图层"或者"通道"，则需执行【存储为】命令，在打开的对话框中可以指定一个可以保存图层或者通道的格式，将文件另存。

小贴士

【存储】的组合键为 Ctrl + S。

2）【存储为】命令。执行【文件】/【存储为】命令，可以将当前图像文件保存为另外的名称和其他格式，或者将其存储在其他位置。

3）保存为 Web 所用格式。

（4）关闭文件

执行【文件】/【关闭】命令可以关闭当前的图像文件。如果对图像进行了修改，则会弹出提示框，如图 1-2-3 所示。如果当前图像是一个新建的文件，单击【是】按钮，可以在打开的【存储为】对话框中将文件保存；单击【否】按钮，可关闭文件，但不保存对文件做出的修改；单击【取消】按钮，则关闭该提示框，并取消关闭操作。如果当前文件是打开的一个已有的文件，单击【是】按钮可保存对该文件所做的修改。

图 1-2-3 关闭文件时弹出的提示框

小贴士

关闭当前图像文件的组合键为 Ctrl + W。

2．图像文件的颜色设置

（1）画布大小及图像大小

1）设置画布大小。画布是指整个文档的工作区域。在处理图像

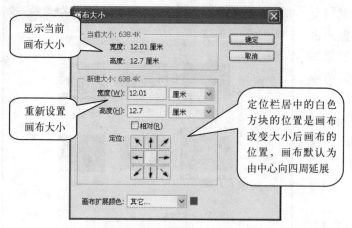

显示当前画布大小

重新设置画布大小

定位栏居中的白色方块的位置是画布改变大小后画布的位置，画布默认为由中心向四周延展

图 1-2-4 【画布大小】对话框

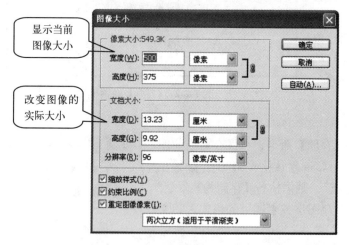

显示当前图像大小

改变图像的实际大小

图 1-2-5 【图像大小】对话框

图 1-2-6 【颜色设置】对话框

时，可以根据需要增加或者减少画布。执行【图像】/【画布大小】命令，弹出【画布大小】对话框，如图 1-2-4 所示。设置参数后单击【确定】按钮，即可修改画布的大小。当增加画布大小时，可在图像周围添加空白区域；当减小画布大小时，则裁剪图像。

2）设置图像大小。图像大小是指在图像窗口中显示的图像大小，与窗口大小无关。选择【图像】/【图像大小】命令，弹出【图像大小】对话框，设置参数后单击【确定】按钮，即可实现对图像大小的调整，如图 1-2-5 所示。

（2）颜色设置

在菜单栏中选择【编辑】/【颜色设置】命令，打开【颜色设置】对话框，如图 1-2-6 所示。一般该命令用系统默认值即可。对于大多数色彩管理工作流程，最好使用 Adobe Systems 已经测试过的预设颜色设置。只有在色彩管理知识很丰富并且对自己所做的更改非常有信心的时候，才可更改特定选项。

3. 图像的输入与输出

（1）图像的输入

1）使用置入命令。执行【文件】/【置入】命令可以将图片、照片、EPS、PDF 等格式的文件作为智能对象置入 Photoshop 文件中。

使用置入命令之前，必须

首先打开一幅图像，然后执行【文件】/【置入】命令，选择好一幅图像后就置入到了原来的图像中。

置入之后，会在当前图像窗口中显示一个带有对角线的矩形来表示置入图像的大小和位置，或者显示草稿图，如图 1-2-7 所示。通过矩形边框可以对图像进行缩放、定位、斜切或旋转等操作，确定后，按下回车键进行确认操作。

2）使用导入命令。在 Photoshop 中，可以在图像中导入视频图层、注释和 WIA 支持等内容。执行【文件】/【导入】命令，在弹出的菜单中包含着各种导入文件的命令，如图 1-2-8 所示。

（2）图像的输出

Photoshop 中的图像除了可以保存为不同的格式外，还可以导出到 Illustrator 或视频设备中，从而满足不同的使用目的。执行【文件】/【导出】命令后弹出的菜单中包含用于导出文件的命令，如图 1-2-9 所示。其中，【Zoomify】选项是一种用于在 Web 上提供高分辨率图像的格式。利用 Viewpoint Media Player，还可以放大或缩小图像并全景扫描图像以查看它的不同部分。

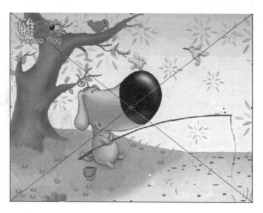

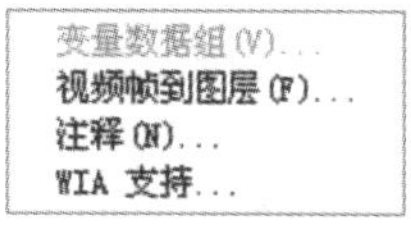

图 1-2-7　置入图像

图 1-2-8　导入内容菜单　图 1-2-9　导出文件菜单

任务1.3　学习图层的基本知识

■ 知识准备

图层是 Photoshop CS4 中图像的重要组成部分。几乎每一幅图像在处理的过程中都要用到图层。

1．图层概念

图层是组成图像的基本元素。图像可以由一个或多个图层组成，也可以根据需要将几个图层合并或链接为一个图层，增加或删除图像中任何一个图层都会直接影响整个图像。

2．【图层】面板

【图层】控制面板中列出了当前图像的所有图层，如图 1-3-1 所示，对图层的操作一般都是在其中完成的。在默认状态下，背景图层在最下面，接着由下至上是先后建立的图层。用户可以通过移动图层来改变图层的位置。

合成模式
图形锁定
显示/隐藏
图层功能按钮
不透明度
图层填充度
普通图层
背景图层

图 1-3-1 【图层】面板

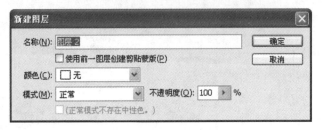

图 1-3-2 新建图层

3. 常用图层类型

在编辑图像过程中，运用不同的图层类型产生的图像效果也各不相同，Photoshop CS4 软件中的图层类型主要有以下几大类。

（1）普通层

普通层是 Photoshop 中最基本的图层类型，在绘制或编辑图像时单击【图层】面板底部的 按钮即可创建新的图层，如图 1-3-2 所示。新建的图层都是普通层。普通层是透明的，可以在上面按照自己的意愿绘制图形，并设置不同的混合模式或不透明度。

（2）背景层

使用白色或背景色创建图像文件时，【图层】面板中自动生成的图层为背景层，创建透明内容的图像文件时，图像没有背景层。一幅图像可以没有背景层，但不可以有一个以上的背景层存在。背景层是一个特殊的不透明图层，无法更改其混合模式、不透明度或其他图层堆叠顺序，但可以将背景层转换为普通层。转换方法为：在图层面板上双击背景层，在弹出的对话框中设置好图层的名称、颜色、模式和不透明度后，单击【确定】按钮，即可将背景层转换为普通层。如需将普通层转换为背景层，可选取菜单栏中的【图层】/【新建】/【背景图层】命令。

（3）文字层

使用文字工具在图像文件中输入文字后，系统会自动创建一个新的图层，即文字层，其显示图标为 T 。

（4）形状层

使用工具栏中的【矩形工具】，在图像文件中创建图形后，【图层】面板中会自动建立一个图层，即形状层。

（5）样式层

图层应用图层样式后（如【投影】、【阴影】、【发光】、【浮雕】、【光泽】、【叠加】或【描边】）即变为样式层。

提 示

背景层不能应用图层样式，只有将其转换为普通层后才能应用。

（6）蒙版层

在【图层】面板中单击【添加矢量蒙版】按钮 （此处为内嵌小图标），可以给当前图层添加蒙版。如果在图像中创建了选择区域，再单击此按钮，则可以根据区域的范围在当前层上建立适当的蒙版。添加蒙版后的图层即为蒙版层。

（7）填充层和调节层

填充层和调节层被用来控制图像的辅助图层，单击【图层】面板底部的【创建新的填充或调节图层】按钮，在弹出的下拉菜单中选取任一命令，即可创建填充层或调节层。

4. 图层基本操作

要对图层进行操作，首先需要找到【图层】面板，如果【图层】面板已经被隐藏起来，可以执行【窗口】/【图层】命令打开它。从【图层】面板最上面的图层开始，列出了图像中的所有图层和图层组。在这里，可以对图层进行创建、隐藏、显示、复制、链接、合并、锁定和删除等操作。

> **提 示**
>
> 按键盘上的 F7 键也可打开【图层】面板。

（1）新建图层与删除图层

1）用【图层】面板中的创建新图层按钮新建图层。新建的图层放置在当前图层的上面，并将其设置为当前图层。如要在当前图层的下面新建图层，可以按住 Ctrl 键单击【创建新图层】按钮。

2）用【新建】命令新建图层。执行【图层】/【新建】/【图层】命令，打开【新建图层】对话框，在对话框中设置选项后，单击【确定】按钮即可创建一个新的图层。

> **注意：**背景图层下面不能创建图层。

3）要删除图层，选择所要删除的图层，单击【图层】面板底部的删除按钮 即可，或按 Del 键。同样也可以通过菜单栏进行操作，执行【图层】/【删除】/【图层】命令，删除当前图层。

（2）图层的显示与隐藏

图层前的图标用来控制图层的可见性。显示该图标的图层为可见的图层，而无该图标的图层则为隐藏的图层。单击图标可进行图层的显示与隐藏的切换。

（3）图层锁定与解锁

如图 1-3-3 所示，【图层】面板中提供了图形锁定功能。可以根据需要完全或部分锁定图层，以免因操作失误而对图层的内容造成修改。

锁定透明像素：选定后图层的透明区域会被保护

锁定图像像素：选定后不能使用绘画工具修改图层中的像素

锁定位置：选定后该图层不能移动

锁定全部：选定后锁定以上的全部选项

图 1-3-3　图层锁定功能

(4) 图层的链接

在【图层】面板中选择两个或多个图层后，单击面板中的【链接图层】按钮 ⊷ ，或者执行【图层】/【链接图层】命令，可将它们链接。而被链接的图层会显示出 ⊷ 状图标。如要取消链接，可以选择一个链接的图层，然后单击面板中的【链接图层】按钮 ⊷ 。

(5) 图层合并

如果要合并两个或多个图层，先在图层面板中选择好图层，然后执行【图层】/【合并图层】命令，可合并为一个图层。

(6) 图层移动

在【图层】面板中，要改变图层在面板中的顺序，只需将一个图层的名称拖到另外一个图层的上面（或下面），当突出显示的线条出现在要放置图层的位置时，放开鼠标即可。还可以通过执行【图层】/【排列】命令，选择弹出的菜单中的命令来调整图层的排列顺序。

(7) 图层复制

1）在【图层】面板中复制图层。将需要复制的图层拖至【图层】面板中的【创建新图层】按钮 ◻ 上，即可复制该图层。

2）通过命令复制图层。选择一个图层后，执行菜单栏上的【图层】/【复制图层】命令，打开【复制图层】对话框，设置选项后，单击【确定】按钮即可复制图层。

任务1.4 了解Photoshop CS4平面广告设计的基础知识

■ 知识准备

广告是为了某种特定的需要，通过一定形式的媒体，公开而广泛地向公众传递信息的宣传手段。

1. 什么是广告

就概念而言，"广"是广泛的意思，"告"是告诉、告知。"广告"即是"广泛地告知"。广告是借助一定媒体（如电视、报纸、杂志、路牌等），向公众传达一定信息（如文化信息、商品信息等）的一种宣传手段。广告的目的，就是要让广大的受众了解广告的信息。

2. 广告的类别

作为广告策划、设计的人，常常按照广告媒体的不同，把广告分为广播广告、电视广告、报纸广告、杂志广告、招贴广告、路牌广告、邮送广告、POP 广告等类型。

从广义上的广告设计来分类，又可以分成以下6种常见的类型，这也是使用 Photoshop CS4 进行广告设计的主要工作内容。

（1）标志

标志是表明事物特征的记号。它以单纯、显著、易识别的物象、图形或文字符号为直观语言，除了有表示什么、代替什么的作用之外，还具有表达意义、情感和指令行动等作用。英文俗称为 LOGO（标志）。

常见的两种标志类型如图 1-4-1 和图 1-4-2 所示。

图 1-4-1　字母型标志

（2）招贴

招贴又名"海报"或宣传画，属于户外广告，分布于街道、影（剧）院、展览会、商业区、机场、码头、车站、公园等公共场所，在国外被称为"瞬间"的街头艺术。虽然如今广告业发展日新月异，新的理论、新的观念、新的制作技术、新的传播手段和新的媒体形式不断涌现，但招贴始终无法被取代，仍然在特定的领域里发挥着作用，并取得了令人满意的广告宣传效果，这主要是由它的特征所决定的。

常见的两种招贴如图 1-4-3 和图 1-4-4 所示。

图 1-4-2　图形标志

图 1-4-3　公共招贴

图 1-4-4　电影招贴

（3）报纸广告

报纸广告是指刊登在报纸上的广告。报纸是一种印刷媒介。它的特点是发行频率高，发行量大，信息传递快，因此报纸广告能及时广泛发布。报纸广告以文字和图画为主要视觉刺激，不像其他广告媒介如电视广告等受到时间的限制，而且报纸可以反复阅读，便于保存。报纸广告如图 1-4-5 所示。

（4）DM 广告

DM 是英文 Direct Mail Advertising 的省略表述，直译为"直接邮寄广告"，即通过邮寄、赠送等形式，将宣传品送到消费者手中、

图 1-4-5 报纸广告

家里或公司所在地。亦有将其表述为 Direct Magazine Advertising(直投杂志广告)。常见的 DM 广告如图 1-4-6 所示。

图 1-4-6 DM 广告

（5）包装设计

包装设计即指选用合适的包装材料，运用巧妙的工艺手段，为包装商品进行的容器结构造型和包装的美化装饰设计。包装是品牌理念、产品特性、消费心理的综合反映，它直接影响到消费者的购买欲。包装的功能是保护商品，传达商品信息，方便使用，方便运输，促进销售，以及提高产品附加值。

常见的包装设计如图 1-4-7 所示。

（6）POP 广告

POP 广告是许多广告形式中的一种，它是英文 Point of Purchase Advertising 的缩写，意为"购买点广告"，简称 POP 广告。POP 广告的概念有广义的和狭义的两种。广义的 POP 广告，指凡是在商业空间、购买场所、零售商店的周围、内部以及在商品陈设的地方所设置的广告物。狭义的 POP 广告，仅指在购买场所和零售店内部设置的展销专柜以及在商品周围悬挂、摆放与陈设的可以促进商品销售的广告媒体。常见的 POP 广告设计如图 1-4-8 所示。

图 1-4-7 商品包装

图 1-4-8 POP 广告

3．平面广告的构成要素

（1）标题

标题是表达广告主题的文字内容。应具有吸引力，能使读者注目，引导读者阅读广告正文，观看广告插图。标题是画龙点睛之笔。因此，标题要用较大号的字体，要安排在广告画最醒目的位置，应注意配合插图造型的需要。图1-4-9所示为一款饮料广告。

（2）正文

广告正文是说明广告内容的文本，基本上是标题的发挥。广告正文具体地叙述事实，使读者心悦诚服地走向广告宣传的目标。广告正文文字集中，一般都安排在插图的左右或上下方，如图1-4-10所示为苏泊尔公司的广告。

图1-4-9　伊利公司的广告

图1-4-10　苏泊尔公司的广告

（3）广告语

广告语是配合广告标题、正文，加强商品形象的短语。应顺口易记，要反复使用，使其成为"文章标志"、"言语标志"，如"带博士伦舒服极了！"。广告语必须言简意赅，在设计时可以放置在版面的任何位置，如图1-4-11所示为奇瑞汽车广告。

（4）图

图包括插图、照片、漫画等。在平面广告设计中除了运用文字外，还要运用图片进行视角诉求。一般情况下，图片的视觉冲击力要更强一些。图1-4-12

图1-4-11　奇瑞汽车广告

和图 1-4-13 所示分别为手机广告和 NIKE 体育用品广告。

图 1-4-12　手机广告

图 1-4-13　NIKE 体育用品广告

图 1-4-14　巧克力豆广告

（5）标志

标志有商品标志和企业形象标志两类。标志是广告对象借以识别商品或企业的主要符号。在广告设计中，标志不是广告版面的装饰物，而是重要的构成要素。在整个广告版面中，标志造型最单纯、最简洁，其视觉效果最强烈，在一瞬间就能识别，并能给消费者留下深刻的印象，如图 1-4-14 所示的巧克力豆广告。

（6）公司名称

一般都放置在广告版面次要的位置，也可以和商标配置在一起，如图 1-4-15 和图 1-4-16 所示。

图 1-4-15　必胜客广告

图 1-4-16　品客公司薯片广告

（7）色彩

运用色彩的表现力，如同为广告版面穿上漂亮鲜艳的衣服，能增强广告注目效果。

从整体上说，有时为了塑造更集中、更强烈、更单纯的广告形象，以加深消费者的认识程度，可针对具体情况，对上述某一个或几个要素进行夸张和强调，如图 1-4-17 所示。

图 1-4-17　色彩增强广告注目效果

单元小结

本单元主要对应用 Photoshop CS4 时涉及的基本知识进行了介绍，主要包括 Photoshop CS4 工作环境与界面，图像文件的基本操作及颜色设置，图像获取和输出的方法，图层基本知识（新建/删除、显示/隐藏、锁定/解锁、合并、移动、复制图层），同时也介绍了用 Photoshop CS4 进行平面广告设计的基础知识。熟练掌握本单元内容是学好本书的根基，为下面灵活、快捷地设计并编辑出优秀的作品打下基础。

习　题

一、选择题

（1）当快捷菜单的某些菜单项被暂时禁用时，将显示（　）颜色。

A. 灰　　　　　B. 蓝色　　　　　C. 黑色　　　　　D. 白色

（2）根据快捷菜单项后面的（　）符号能确定打开该菜单下是否跟有子菜单。

A. …　　　　　B. ▶　　　　　C. —　　　　　D. ✓

（3）在菜单栏中选择（　）命令，打开【颜色设置】对话框。

A.【编辑】/【常规设置】　　　　　B.【文件】/【颜色设置】

C.【编辑】/【颜色设置】　　　　　D.【文件】/【常规设置】

(4) 下列（　　）格式用于网页中的图像制作。

A. EPS　　　　　B. PSD　　　　　C. TIFF　　　　　D. JPEG

(5) 常见的图像格式有很多种，其中（　　）格式是 Photoshop 的固有格式。

A. PSD　　　　　B. BMP　　　　　C. JPEG　　　　　D.GIF

二、判断题

(1) 在工具栏中，工具图标右下角有一个黑三角，表明这些后面还有一些隐藏工具。　　　　　　　　　　　　　　　　　　　　　　　　　（　　）

(2) 若想隐藏或显示所有面板（包括工具面板和控制面板），按 **Shift** + **Tab** 组合键。　　　　　　　　　　　　　　　　　　　　　　　（　　）

(3) 由标题、正文、广告语、图、标志、公司名称、色彩等要素构成平面广告。　　　　　　　　　　　　　　　　　　　　　　　　　　　（　　）

(4) 图像模式一般设为 RGB，对于需要印刷的图片模式应为 CMYK。
　　　　　　　　　　　　　　　　　　　　　　　　　　　　　（　　）

(5) 图像的常用单位是像素、厘米，在进行网页设计时则需采用像素为单位。　　　　　　　　　　　　　　　　　　　　　　　　　　　　（　　）

(6) 执行【文件】/【存储】命令，文档格式为 Photoshop CS4 默认格式：PSD。　　　　　　　　　　　　　　　　　　　　　　　　　　　（　　）

(7) 按键盘上的 F8 键可快捷打开【图层】面板。　　　　　　　（　　）

(8) 使用文字工具在图像文件中输入文字后，系统会自动创建一个新的图层。　　　　　　　　　　　　　　　　　　　　　　　　　　　　（　　）

(9) 图层控制面板中，在默认状态下，背景图层在最下面，接着由上至下是先后建立的图层。　　　　　　　　　　　　　　　　　　　　　　（　　）

(10) 广告是借助一定媒体向大众传送信息的，它的目的是让广大的受众了解广告的信息。　　　　　　　　　　　　　　　　　　　　　　　（　　）

三、思考题

(1) 在编辑图像过程中，往往需要根据实际情况对图层进行移动，移动图层有哪些方法？

(2) 背景层不能应用图层样式，只有将其转换为普通层后才能应用。怎样将背景层转换为普通层？

单元 2
选区工具的应用

本单元学习目标

- 掌握【矩形选框】工具和【椭圆选框】工具的使用方法。
- 掌握【魔棒】工具的使用方法。
- 掌握【套索】工具、【多边形套索】工具和【磁性套索】工具的应用。
- 掌握【选择】菜单命令的灵活运用。
- 会用多种选区工具对图像进行抠取。

任务2.1 熟悉选区工具的应用

■ 知识准备

选区工具的主要功能是在文件中创建各种类型的选择区域，并控制所有的操作范围。当文件中含有选择区域时，所有的操作就只针对选区范围内有效，选区外的部分不受任何影响。

1. 选框工具组

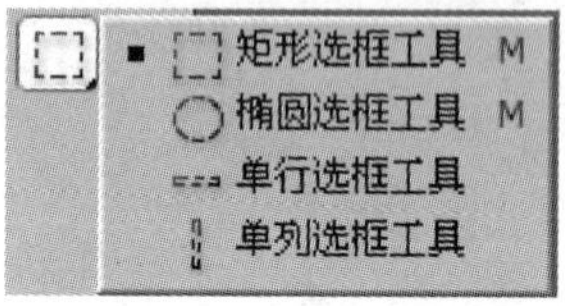

选框工具组包括【矩形选框】工具、【椭圆选框】工具、【单行选框】工具和【单列选框】工具。右击鼠标，便可显示出该组的所有工具，如图2-1-1所示。该组工具用来绘制规则选区，其选项栏如图2-1-2所示。

图 2-1-1 选框工具组

图 2-1-2 选项栏

1）选区运算选项：所谓选区的运算是指添加、减去、交集等操作，按钮包括【新选区】■、【添加到选区】■、【从选区减去】■、【与选区交叉】■。

在新选区状态下，新选区会替代原来的旧选区；在添加状态下，光标变为十，这时新旧选区将共存；在减去状态下，光标变为十，这时新的选区会减去旧选区；交叉选区也称为选区交集，光标为十，它的效果是保留新旧两个选区的相交部分。

> **小贴士**
>
> 以上4种选区运算方式对于所有的选区工具都是通用的，任何选区工具都具有这4种运算方式，且不局限于某一种工具内。可以用【套索】工具减去【魔棒】工具创建的选区，也可以用【矩形选框】工具去添加【椭圆选框】工具创建的选区。

2）【羽化】选项：该项是以文本框的形式呈现，可直接输入数字，单位为"px"（像素）。羽化主要是起到一个柔和边缘的作用。

3）【消除锯齿】：该选项以选框的方式出现，勾选时表示打开【消除锯齿】，空白时表示关闭【消除锯齿】。

小贴士

　　Photoshop 的位图图像是由像素点组成的，而像素点是正方形的小晶格，所以在描述曲线及一些角度的直线时就会产生锯齿，勾选此选项后，可能通过淡化边缘来产生与背景颜色之间的过渡，从而得到边缘比较平滑的图像。

　　4)【样式】选项：该选项以下拉列表框的方式呈现，有 3 个选项，分别是【正常】、【固定比例】、【固定大小】，如图 2-1-3 所示。

图 2-1-3　样式下拉列表框

　　2. 套索工具组

　　套索工具组包括【套索】工具、【多边形套索】工具和【磁性套索】工具。右击鼠标，便可显示出该组的所有工具，如图 2-1-4 所示。

图 2-1-4　套索工具组

　　该组工具用于绘制不规则选区，其选项面板同样可以进行选区运算、羽化、消除锯齿。

　　1)【套索】工具：选用该工具后，按住鼠标左键，沿鼠标拖动的轨迹建立选区，直到松开或双击鼠标完成选区。

　　2)【多边形套索】工具：选用该工具后，单击鼠标，到下一个鼠标单击处以直线连接建立选区，直到返回起始点或双击鼠标完成选区。

　　3)【磁性套索】工具：磁性套索工具的原理是分析色彩边界，它在经过的道路上找到色彩的分界并把它们连起来形成选区。磁性套索工具包括 3 个特别的选项：宽度、对比度和频率。

　　● 宽度指的是容错（允许的误差）的范围，宽度越大容错范围越大。

　　● 对比度决定套索对图像边缘的灵敏度，较高的数值只检测与它们的环境对比鲜明的边缘，而较低的数值则检测低对比度边缘。就是说用高数值表示边缘清晰，用低数值表示边缘模糊。

　　● 线路上的小方块是采样点，它们的数量可以通过频率来调整，频率越大采样点越多。如果色彩边缘较为参差不平就适合较高的频率。

　　3. 魔棒工具组

　　该工具按钮位于工具栏第二行的第二列，包括【快速选择】工具和【魔棒】工具。右击鼠标，便可显示出该组的所有工具，如图 2-1-5 所示。

图 2-1-5　魔棒工具组

　　选用该组工具后，会将鼠标单击处作为采样点进行颜色分析，选取容差范围内的相似颜色区域。

　　(1)【魔棒】工具

　　【魔棒】工具的选项有如下 3 个。

　　1)【容差】选项：较低的容差值可以选择与采样点非常接近的颜

色，而较高的容差值可以选择更宽的色彩范围。

2)【连续的】：选中该项，则容差范围内的所有相邻像素被选中，否则容差范围内的所有像素都被选中。

3)【用于所有图层】：选中该项，则可在所有可见图层中选择颜色，否则只在当前图层中选择颜色。

(2)【快速选择工具】

该工具利用可调整的圆形画笔笔尖快速"绘制"选区，拖动时，选区会向外扩展并自动查找和跟随图像中定义的边缘。其选项主要有【画笔大小】。

4.【选择】菜单

【选择】菜单包括以下几项。

1)【全选】：选择整个画布，也可用组合键 *Ctrl* + *A*。

2)【取消选择】：取消选区，也可用组合键 *Ctrl* + *D*。

3)【反选】：选择画布上除选区以外的其他区域，也可用组合键 *Ctrl* + *Shift* + *I*。

4)【色彩范围】：选择画布上与取样点颜色接近的区域，可设置颜色容差来调整区域大小，对话框如图 2-1-6 所示。

5)【修改】：该菜单包括 5 个选项，如图 2-1-7 所示。

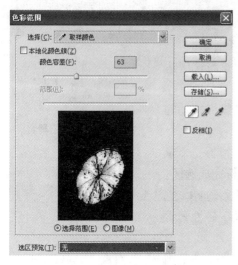

图 2-1-6 【色彩范围】对话框

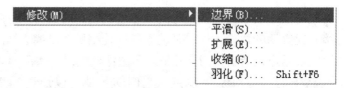

图 2-1-7 【修改】菜单

【边界】：将选区的边缘部分选定，选区宽度由边界值决定。

【平滑】：将选区锐利的折角部分变得圆滑。

【扩展】：将选区由中心向选区边缘扩大。

【收缩】：将选区由选区边缘向中心缩小。

【羽化】：将选区的边缘变得柔和。

6)【变换选区】：选择该菜单选项后，可对选区进行形状和位置的变化，如缩放、旋转、扭曲等操作，具体执行哪项操作，可在执行【变换选区】命令后，通过执行【编辑】/【变换】命令，选择弹出的菜单下的不同命令选择。需注意的是，此处变换的是选区，并非选区内的图像。

■ 实践操作

基础实训 1 制作"太极图"效果

设计目的：熟悉【矩形选框工具】、【椭圆选框工具】的
　　　　　应用以及选区的运算。
操作要求：绘制如图 2-1-8 所示的太极图。
技能点拨：矩形选框、椭圆选框、选区运算、参考线。

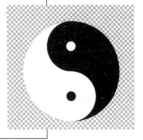

图 2-1-8　太极图

■ 创作步骤

01 执行【文件】/【新建】命令或者按 *Ctrl* +
N 组合键新建一个如图 2-1-9 所示的图像文件。

02 执行【视图】/【新建参考线】命令，在
垂直取向为 8 厘米处新建一条参考线，如图 2-1-10
所示。

03 重复第 02 步骤，分别在垂直取向 2 厘米、
5 厘米处，水平取向 2 厘米、5 厘米、8 厘米、11 厘米、
14 厘米处新建参考线，如图 2-1-11 所示。

图 2-1-9　【新建】对话框

图 2-1-10　【新建参考线】对话框

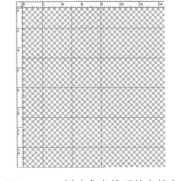

图 2-1-11　新建参考线后的文档窗口

04 在工具栏中选择【椭圆选框】工具，从文档的中心点（8
厘米参考线交叉处）开始拖动鼠标，同时按住 *Shift* + *Alt* 组合键，
鼠标到达文档的左上角（2 厘米参考线交叉处）时松开鼠标和键盘按
键，绘制结果如图 2-1-12 所示。将前景色设为黑色，并按下 *Alt* +
Backspace 组合键填充选区，结果如图 2-1-13 所示。

图 2-1-12　绘制的圆形选区

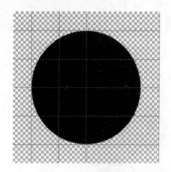

图 2-1-13 填充黑色后的圆形选区

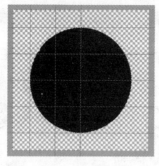

图 2-1-14 在圆的左侧绘制矩形选区与圆形选区交叉

05 在工具栏中选择【矩形选框】工具，并单击属性栏中的【与选区交叉】按钮，拖动鼠标选择文档的左半部分，如图 2-1-14 所示。将前景色设为白色，并按下 **Alt** + **Backspace** 组合键填充选区，效果如图 2-1-15 所示。

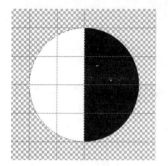

图 2-1-15 将交叉的半圆选区填充白色

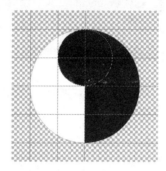

图 2-1-16 绘制小圆选区，填充黑色

06 按 **Ctrl** + **D** 组合键取消选区。以大圆直径的四分之一处为圆心，用【椭圆选框】工具绘制一个直径等于大圆半径的小圆选区，填充颜色为黑色，如图 2-1-16 所示。按 **Ctrl** + **D** 组合键取消选区后，在大圆下半部分绘制小圆选区，填充颜色为白色，如图 2-1-17 所示。

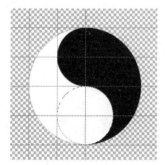

图 2-1-17 绘制小圆选区，填充白色

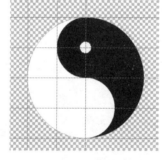

图 2-1-18 绘制在上方的小圆选区，填充白色

07 同理，以大圆直径的四分之一处为圆心，绘制一个较小的小圆选区，并填充颜色为白色，如图 2-1-18 所示。将鼠标放在小圆选区上，在选项栏上选择【新选区】选项，拖动鼠标把小圆选区移至大圆下方直径的四分之一处，填充颜色为黑色，如图 2-1-19 所示。

08 按 **Ctrl** + **D** 组合键取消选区，并执行【视图】/【清除参考线】命令，得最终效果图，如图 2-1-20 所示。

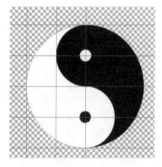

图 2-1-19 将小圆选区移动到下方，填充黑色

图 2-1-20 "太极图"效果图

案例小结

绘制"太极图"实例主要应用到【椭圆选框】工具和【矩形选框】工具，通过选区计算，填充颜色得到"太极图"。运用这种思路，可绘制出不同的图形效果。

09 执行【文件】/【存储】命令或者按 *Ctrl* + *S* 组合键保存，以"太极图 .psd"为文件名将文件保存。

基础实训2 制作"小荷才露尖尖角"效果

设计目的：熟悉【多边形套索】工具和【魔棒】工具的使用。

操作要求：利用【多边形套索】工具和【魔棒】工具，选取如图 2-1-21 中的蜻蜓，移动到如图 2-1-22 所示的"小荷"素材中，合成如图 2-1-23 所示的效果。

技能点拨：【多边形套索】工具、【魔棒】工具。

图 2-1-21 "蜻蜓"素材

图 2-1-22 "小荷"素材

图 2-1-23 效果图

创作步骤

01 打开教学光盘 \ 素材 \ 单元 2\ 蜻蜓 .jpg 文件，选择【多边形套索】工具，在蜻蜓周围依次单击，直到选出蜻蜓的大概范围，如图 2-1-24 所示。

02 选择【魔棒】工具，在选项面板上选择【从选区减去】图标，设置容差为"32"，并勾选【连续的】。在选区内的背景上单击一下，减掉选区中多余的背景区域，效果如图 2-1-25 所示。

03 选择【放大镜】工具，放大蜻蜓的脚部位置，选择【多边形套索】工具，在选项面板上选择【从选区减去】图标，将选区中不属于蜻蜓身体的多余部分框选，最后得到一个完整的蜻蜓选区，如图 2-1-26 所示。

图 2-1-24 选出蜻蜓的大致范围

图 2-1-25　用【魔棒】工具去除背景部分　　　　图 2-1-26　完整的蜻蜓选区

04 打开教学光盘＼素材＼单元2\小荷 .jpg 文件。选择【移动】工具，将选中的蜻蜓拖入荷花图片中，并按 *Ctrl* + *T* 组合键对蜻蜓的大小和位置进行调整，最后得到的效果如图 2-1-27 所示。

05 执行【文件】/【存储为】命令或者按 *Ctrl* + *S* 组合键，以"小荷才露尖尖角 .psd"为文件名将文件保存。

案例小结

绘制"小荷才露尖尖角"实例主要运用【多边形套索】工具和【魔棒】工具，通过选区计算，实现抠图功能。对细节要求不太高或图形边界比较明显的图像可以采用这种方法实现抠图。

图 2-1-27　"小荷才露尖尖角"效果图

基础实训3　制作"海市蜃楼"效果

设计目的：学会使用【选择】菜单命令。

操作要求：利用如图 2-1-28 所示的"城市"素材中的部分大楼，与图 2-1-29 所示的"大海"素材图片，制作合成如图 2-1-30 所示的效果。要求使用【选择】菜单和【描边】等命令。

技能点拨：【矩形选框】工具、【图形变换】和【选择】菜单命令。

图 2-1-28 "城市"素材　　　　　图 2-1-29 "大海"素材　　　　　图 2-1-30 "海市蜃楼"效果图

▌创作步骤

01 打开教学光盘＼素材＼单元 2＼城市 .jpg 文件。选择【矩形选框】工具，选取城市的部分大楼。执行【选择】/【修改】/【羽化】命令，设置【羽化半径】为"20 像素"，效果如图 2-1-31 所示。

02 打开教学光盘＼素材＼单元 2＼大海 .jpg 文件，选择【移动】工具，把选中的部分大楼移至"大海"图片中，调整到合适位置。执行【编辑】/【自由变换】命令，调整图片到合适大小，如图 2-1-32 所示。

图 2-1-31 羽化选区后效果

03 在【图层】面板中，将"图层 1"的【混合模式】设置为【柔光】，【图层】面板的设置及效果如图 2-1-33 所示。

图 2-1-32 将大楼移动到大海图片后　　图 2-1-33 设置图层模式为"柔光"后的效果

04 执行【选择】/【全选】命令选中画布。在【图层】面板上单击【新建图层】图标。执行【选择】/【变换选区】命令，在选项栏上设置【W（宽度）】缩放为"90%"，【H（高度）】缩放为"88%"，如图 2-1-34 所示。按 *Enter* 键确认选区的变换。

27

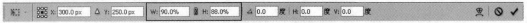

图 2-1-34　变换选区的选项面板设置

图 2-1-35　羽化选区后效果

05 执行【选择】/【修改】/【羽化】命令，设置【羽化半径】为"20像素"。羽化后效果如图 2-1-35 所示。

06 新建"图层2"，执行【编辑】/【描边】命令，设置【描边】对话框，如图 2-1-36 所示。最终效果如图 2-1-37 所示。

07 执行【文件】/【存储为】命令，以"海市蜃楼.psd"为文件名将文件保存。

案例小结

绘制"海市蜃楼"实例主要运用【矩形选框】工具和【选择】菜单下的命令勾选出部分图像，实现图像合成，并通过图层的混合模式调整及描边，使图像合成效果更为逼真。

图 2-1-36　【描边】对话框

图 2-1-37　"海市蜃楼"效果图

拓展实训 **1**　制作"翻页"效果

设计目的：掌握【渐变】工具和【变形】命令的综合应用。

操作要求：利用如图 2-1-38 所示的"相册页"和图 2-1-39 所示的"相册"素材，合成如图 2-1-40 所示的翻页效果。

技能点拨：利用【矩形选框】工具建立选区，利用【变形】工具拉伸出翻页效果。

图 2-1-38　"相册页"素材

图 2-1-39　"相册"素材

图 2-1-40　翻页效果图

创作步骤

01 打开光盘\素材\单元2文件夹下的"相册.jpg"和"相册页.jpg"两个文件，选择【移动】工具把"相册页"拖动到"相册"中，产生"图层1"。

02 选中"图层1"，单击【移动】工具，调整相册页的位置，使相册页右边的纸孔对准底页的纸孔，如图2-1-41所示。选中"图层1"，设置图层【不透明度】为"60%"。单击【橡皮擦工具】，调整橡皮擦的【流量】为"50%"，把画笔的笔头调整到合适的大小。选中"图层1"，在已被覆盖的装订线上涂抹，使其显示出来，涂抹后，把"图层1"的【不透明度】设置为"100%"，如图2-1-42所示。

03 按住 *Ctrl* 键并单击【图层】面板上的"图层1"缩略图，得到"图层1"的选区。保持选区，选择【矩形选框工具】，并在选项中单击【与选区交叉】按钮，从照片左下角向下拖动建立一个选区，如图2-1-43所示。

04 选择【渐变】工具，选取【前景色到背景色渐变】，将前景色设为黑色，背景色设为白色，在选区内按住鼠标左键从右上角拖动至左下角填充渐变色，效果如图2-1-44所示。

05 按 *Ctrl* + *D* 组合键取消选区，执行【编辑】/【变换】/【变形】命令，拖动左下角的控制点向右上方移动，拉伸出翻页效果，如图2-1-45所示。按*Enter*键应用变形，最终翻页效果如图2-1-46所示。

图 2-1-41　调整相册页的位置

图 2-1-42　擦出装订线

图 2-1-43　建立选区

06 执行【文件】/【存储为】命令或按 *Shift* + *Ctrl* + *S* 组合键，以"翻页效果.psd"为文件名将文件保存。

图 2-1-44 填充渐变色

图 2-1-45 拉伸出翻页效果

案例小结

　　在本例中，利用【渐变】工具绘制了翻页的背景，巧妙地利用了【变形】命令对图层进行弯曲变形处理，拉伸出翻页效果。在绘制渐变背景色时应选取合适的渐变区域，而紧接着对图层进行弯曲变形时应刚好使这片区域的渐变背景色显示出来。

图 2-1-46 翻页效果图

拓展实训 2　制作"花中仙子"效果

设计目的： 综合应用各种选区工具制作图片的合成特效。

操作要求： 利用所提供的如图 2-1-47 所示的"人物"素材、图 2-1-48 的"荷花"素材、图 2-1-49 中的"蝴蝶"素材，合成如图 2-1-50 所示的"花中仙子"效果。

技能点拨： 利用【磁性套索】工具选出图 2-1-47 中的人物，拖至图 2-1-48 中，调整位置，利用【魔棒】工具选取图 2-1-49 中的蝴蝶，拖动到图 2-1-48 中，调整图层顺序，用【多边形套索】工具选取部分荷花，删除选区内人物，得到如图 2-1-50 所示的效果。

图 2-1-47 "人物"素材

图 2-1-48 "荷花"素材

图 2-1-49 "蝴蝶"素材

图 2-1-50 "花中仙子"效果图

创作步骤

01 打开教学光盘 \ 素材 \ 单元 2\ 人物 .jpg 文件,选择【磁性套索】工具,【频率】设置为 80,沿人物边缘选取出人物轮廓选区,如图 2-1-51 所示。

02 打开教学光盘中"\ 素材 \ 单元 2\ 荷花 .jpg"文件,使用【移动】工具把选出的人物拖动到"荷花"文件中。在【图层】面板中,将"人物"图层拖动到"荷花"图层之上。

03 打开教学光盘 \ 素材 \ 单元 2\ 蝴蝶 .jpg 文件,选择【魔棒】工具,单击选项面板上的【添加到选区】按钮 ,并勾选【连续】选项。依次在白色背景处单击鼠标,直到选中全部背景部分,如图 2-1-52 所示。按 Ctrl + Shift + I 组合键反选,使用【移动】工具把选中的"蝴蝶"拖动到"荷花"文件中。

04 选中"蝴蝶"图层,按 Ctrl + T 组合键,对蝴蝶进行缩放变换,调整各图层位置,如图 2-1-53 所示。

05 选择【多边形套索】工具,选择一个多边形区域,如图 2-1-54

图 2-1-51 选取出人物轮廓

图 2-1-52 使用【魔棒】工具选取背景

图 2-1-53 调整各图层相对位置

图 2-1-54 选取部分荷叶轮廓

本例是【魔棒】工具、【套索】工具的综合应用实例。在对人物和蝴蝶的抠取上，使用了【魔棒】工具和【套索】工具，然后使用【自由变换】工具调整蝴蝶大小，并使用【多边形套索】工具选取并删除部分遮挡荷花的像素，做出仙子立于荷花中的效果。

所示。在【图层】面板中，按 **Shift** 键同时选中"人物"和"蝴蝶"图层，右击，在弹出的快捷菜单中单击【合并图层】命令，按 **Delete** 键删除选区内的内容，最终效果如图 2-1-55 所示。

06 执行【文件】/【存储为】命令或者按 **Ctrl** + **S** 组合键，以"花中仙子.psd"为文件名将文件保存。

图 2-1-55 "花中仙子"效果图

任务2.2 技能巩固与提高

提高训练 制作"狗尾巴草合成"效果

图 2-2-1 "狗尾巴草"素材

设计目的：掌握一定难度的抠图技巧，熟练掌握常规选区工具，了解通道的选区技巧。

操作要求：把如图 2-2-1 所示的"狗尾巴草"抠取出来，与如图 2-2-2 所示的"背景"进行合成，效果如图 2-2-3 所示。

技能点拨：用【画笔】工具、【通道】面板，图像抠取进行效果合成。

图 2-2-2 "背景"素材

图 2-2-3 "狗尾巴草合成"效果图

创作步骤

01 打开教学光盘\素材\单元2\狗尾巴草.jpg文件，切换至【通道】面板，分别单击红、绿、蓝三个通道，观察"狗尾巴草"在三个通道下与背景色的对比变化。选择对比较强烈的"红色通道"，把"红色通道"拖动到右下角的【创建新通道】按钮 ，复制一个"红色通道副本"。

02 选择"红色通道副本"，执行【图像】/【调整】/【色阶】命令，调整输入色阶值分别为"41"、"0.68"、"144"，如图2-2-4所示。

03 选择【画笔】工具，设置画笔的【硬度】为"0%"、【主直径】为"40px"，【前景色】设置为"白色"，把"狗尾巴草"中部黑色区域涂成白色，在涂抹到枝干时应放大窗口并适当减少笔头直径，涂抹后如图2-2-5所示。

04 按住 Ctrl 键并单击"红副本"通道，这时即创建了"狗尾巴草"的轮廓选区，切换至【图层】面板并选中背景层，按 Ctrl + J 组合键，抠出选区中的"狗尾巴草"，图层自动命名为"图层1"。

05 为了验证抠图的效果，在"图层1"下新建一个图层，并填充为蓝色，如图2-2-6所示。仔细观察，发现抠出的图边缘色调比较暗，可以通过修边解决这一问题。执行【图层】/【修边】/【移除黑色杂边】命令，这时抠出的图即清晰了，如图2-2-7所示。

06 打开教学光盘\素材\单元2\狗尾巴草背景.jpg文件，选择【移动工具】，把抠出的"狗尾巴草"拖动到"草地"中，按 Ctrl + T 组合键，适当变换"狗尾巴草"的大小与位置，最终效果如图2-2-8所示。

07 执行【文件】/【存储为】命令或者按 Shift + Ctrl + S 组合键，以"狗尾巴草合成.psd"为文件名将文件保存。

案例小结

在这个实例中，主要通过调整素材红色通道副本的色阶，使图层显示出黑白鲜明的对比效果，然后使用【画笔】工具适当对黑和白的地方进行加深和减淡处理，加强黑白对比效果。黑白对比效果越精细、强烈，抠图的效果就越好。

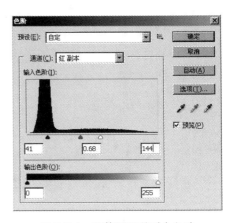

图2-2-4 调整红通道副本色阶

图2-2-5 涂抹中部及枝干

图2-2-6 验证抠图效果

图2-2-7 修边后的效果

图 2-2-8　移入背景中的效果

单元小结

　　本单元主要介绍了选区工具的应用，包括【选框】工具、【套索】工具、【魔棒】工具以及【选择】菜单的使用。对于抠图技巧的提高，还需通过加强训练才能熟能生巧，希望本单元的实例能起到抛砖引玉的作用。

习　题

一、理论题

1．填空题

(1)【选框】工具主要用于建立规则选区，这一组工具包括＿＿＿＿＿＿＿＿、＿＿＿＿＿＿＿＿、＿＿＿＿＿＿＿＿和＿＿＿＿＿＿＿＿。

(2)【套索】工具主要用于建立不规则选区，这一组工具包括＿＿＿＿＿＿＿＿、＿＿＿＿＿＿＿＿和＿＿＿＿＿＿＿＿。

(3) Photoshop CS4 允许通过对话框精确地调整选区，在【选择】菜单的【修改】子菜单下包括＿＿＿＿＿＿＿＿、＿＿＿＿＿＿＿＿、＿＿＿＿＿＿＿＿、＿＿＿＿＿＿＿＿等几项命令。

(4) 选区的运算包括＿＿＿＿＿＿＿＿、＿＿＿＿＿＿＿＿、＿＿＿＿＿＿＿＿和＿＿＿＿＿＿＿＿。

2．简答题

(1) 如何将选区加入选区或从选区中删除选区？

(2)【魔棒】工具如何确定应选择图像的哪些区域？什么是容差？它对选择有何影响？

二、实训题

实训题一：绘制"蝴蝶"效果图

操作要求：利用工具栏中的各选区工具，绘制如习题图 1 所示的"蝴蝶"

习题图 1　"蝴蝶"效果图

图形。

技能点拨：【椭圆选框】工具、【多边形套索】工具、选区运算。

实训题二：制作"偷天换地"效果

操作要求：将习题图 2 所示的"沙漠"素材中的"天空"置换成如习题图 3 所示的"草原"素材中的"白云天空"，同时将"沙漠"置换成"草地"，最后合成"偷天换地"效果，如习题图 4 所示。

技能点拨：【魔棒】工具、【矩形选框】工具、【多边形套索】工具。

习题图 2　"沙漠"素材

习题图 3　"草原"素材

习题图 4　"偷天换地"最后效果图

读书笔记

单元 3

绘图及文字工具的应用

本单元学习目标

- 掌握绘图工具的概念及其应用。
- 掌握文字工具及其他编辑工具的应用。
- 能够综合运用本单元所学工具。

任务3.1 了解绘图工具及其应用

■ 知识准备

1.【画笔】工具

利用【画笔】工具可以绘制多样化线条。选择工具栏中的 ✐ ，并设置如图 3-1-1 所示的【画笔】工具选项栏，即可进行绘画操作。

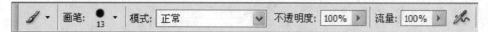

图 3-1-1 【画笔】工具的选项栏

【画笔】：用以选择合适的画笔笔尖形状和笔触大小。

【模式】：用以选择合适的混合模式。

【不透明度】：此数值用于设置绘制效果的不透明度，其中"100%"表示完全不透明，而"0%"表示完全透明。

【流量】：此选项可用以设置作图时的速度。数值越小，用笔尖绘图的速度越慢。

2.【铅笔】工具

利用【铅笔】工具可以自由绘制手绘线。在工具栏中选择 ✐ 后，显示如图 3-1-2 所示的工具选项栏。

图 3-1-2 【铅笔】工具的选项栏

【铅笔】工具的工作原理与实际生活中的铅笔相似，画出的线条坚硬、有棱角。【铅笔】工具选项栏的参数设置大部分和【画笔】一样，选中【自动抹除】复选框后，用【铅笔】工具拖动时将显示的是前景色，停止拖动并单击所在位置再次拖动鼠标时，出现的则是背景色。

3.【渐变】工具

【渐变】工具主要是对图像进行渐变填充。单击【渐变】工具，会显示如图 3-1-3 所示的工具选项栏。在选项调板上单击右边的三角按钮，会列出各种渐变类型，如图 3-1-4 所示。在图像中需要渐变的地方按住鼠标左键移动到另一处放开鼠标，就能填充相应的渐变色。如果希望图像局部渐变，则要先选择一个选区再进行渐变操作。

图 3-1-3 【渐变】工具的选项栏

4.【油漆桶】工具

【油漆桶】工具的主要作用在于填充颜色。它填充的颜色和【魔棒】工具相似，只是将前景色或者图案填充到相同或者相似颜色的图像中，填充的范围由右上角的选项的【容差】值决定，其值越大，填充的范围越大。【油漆桶】工具的选项栏如图 3-1-5 所示。

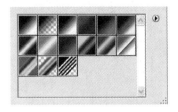

图 3-1-4 【渐变】的类型

图 3-1-5 【油漆桶】工具的选项栏

5.【历史记录画笔】和【历史记录艺术画笔】工具

【历史记录画笔】用于编辑图像的过程中。可以将编辑某一步时的图像状态保存下来，而【历史记录画笔】的作用就是将这一状态重现。【历史记录艺术画笔】与【历史记录画笔】的功能相似，只是比历史记录画笔多了风格化处理，从而可以产生特殊的效果。

6.【模糊】工具

【模糊】工具主要是对图像进行局部加模糊，按住鼠标左键不断移动即可操作，一般对颜色与颜色之间比较生硬的地方加以柔和，也用于颜色与颜色之间过渡比较生硬的地方。

7.【锐化】工具

【锐化】工具与【模糊】工具相反，它能对图像进行清晰化。它对在作用范围内的全部像素清晰化，如果太明显，图像中每一种组成颜色都将显示出来，会出现花花绿绿的颜色。使用了【模糊】工具后，再使用【锐化】工具，图像不能复原，因为模糊后颜色的组成已经发生改变。

8.【涂抹】工具

【涂抹】工具可以将颜色抹开，好像是一幅图像的颜料未干而用手去抹使颜色走位一样，一般颜色与颜色之间边界生硬或颜色与颜色之间衔接不好时可以使用这个工具。

9.【减淡】、【加深】和【海绵】工具

【减淡】工具，也可以称为加亮工具，主要是对图像进行加光处理以达到对图像的颜色进行减淡的目的，改变减淡的范围可以在右边的画笔选取笔头大小。

【加深】工具与【减淡】工具相反，也可称为减暗工具，主要是对图像进行变暗以达到对图像的颜色加深的目的，改变减淡的范围可以在右边的画笔选取笔头大小。

【海绵】工具可以对图像的颜色进行加色或进行减色，可以在右上角的选项中选择加色还是减色，实际上也可以是加强颜色对比度或减少颜色的对比度。若需改变其加色或是减色的强烈程度，可以在右上角的选项中选择压力；改变其作用范围，可以在右边的画笔中选择合适的笔头。

10.【橡皮擦】和【魔术橡皮擦】工具

【橡皮擦】工具用于擦除图像中不需要的部分，被擦除的部分以背景色填充；【背景色橡皮擦】工具用来擦除背景色，被擦除的背景色区域将变为透明；用【魔术橡皮擦】工具擦除图像时，会自动擦除所有相似的颜色。如果是在背景中或是在锁定了透明区域的图层中擦除图像，被擦除的区域会更改为背景色，否则擦除区域变为透明。

■ **实践操作**

基础实训 1 制作"水墨背景"效果

设计目的：练习画笔的设置。

操作要求：利用如图 3-1-6 所示的素材制作出如图 3-1-7 所示的效果。

技能点拨：【画笔】工具、【自定义画笔】等。

图 3-1-6 素材原图

图 3-1-7 最终效果图

▌创作步骤 ▌

01 执行【文件】/【新建】命令，新建一个文档，如图 3-1-8 所示。

02 选择【椭圆选框】工具 ◯，拉出正圆，如图 3-1-9 所示。新建"图层 1"，选择【画笔】工具，设置选项栏：【画笔】大小为"1"。用画笔点缀圆形选区，效果如图 3-1-10。

03 取消选区，执行【编辑】/【定义画笔预设】命令，将绘制的图像定义为"画笔"。

04 打开教学光盘\素材\单元 3\制作水墨背景素材 .jpg 文件，如图 3-1-11 所示，调整画布大小。

05 选择【画笔】工具，选择开始时新建的画笔，如图 3-1-12 所示。选择【画笔笔尖形状】，设置【直径】为"60px"，【间距】为"0"，如图 3-1-13 所示。

06 单击【双重画笔】，设置【直径】为"42px"，【间距】为"1%"，【散布】为"316%"，【数量】为"2"，如图 3-1-14 所示。选定【形状动态】，【大小抖动】为"24%"，如图 3-1-15 所示。

07 新建"图层 2"，用画笔绘图像背景，如图 3-1-16 所示。适当改变画笔的【透明度】和使用【渐变映射】让图层线性减淡有更好的效果。

08 最终效果如图 3-1-17 所示，将图片保存在相应位置。

图 3-1-8 【新建】对话框

图 3-1-9 设置圆形选区

图 3-1-10 用画笔点缀选区效果　　图 3-1-11 人物原图

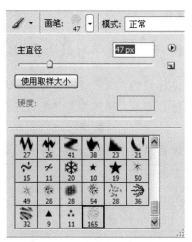

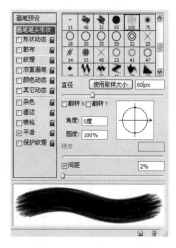

图 3-1-12 选定之前新建的画笔　　图 3-1-13 设置画笔形状

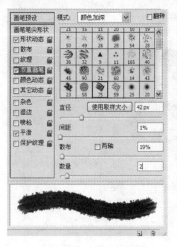

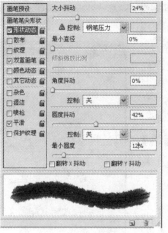

图 3-1-14　设置双重画笔　　　图 3-1-15　设置形状动态　　　图 3-1-16　绘画水墨背景

案例小结

　　本案例主要运用了画笔工具，通过画笔参数的设置来形成水墨画背景效果。适当改变画笔的【透明度】和使用【渐变映射】，可以绘制更好的效果。

图 3-1-17　最终效果图

基础实训 2　学习【历史记录画笔】的应用

设计目的：练习【历史记录画笔】的应用。

操作要求：利用如图 3-1-18 所示的素材制作出如图 3-1-19 所示的效果。

技能点拨：【历史记录画笔】、【矩形选区】等。

图 3-1-18　素材原图　　　　　图 3-1-19　最终效果图

创作步骤

01 打开教学光盘＼素材＼单元3＼漫画 .png 文件，选择【矩形选框】工具，如图3-1-20 所示选择区域。执行【滤镜】/【渲染】/【云彩】命令，效果如图3-1-21所示。

02 选择【历史记录画笔】工具，设置【画笔】大小"150"，【不透明度】"30%"，恢复选区之前的历史记录，效果如图3-1-22所示。使用【矩形选框】工具，用【套索】工具选定区域，执行【图像】/【调整】/【去色】命令，效果如图3-1-23所示。

图 3-1-20　选定图像区域　　图 3-1-21　云彩效果

03 选择选区，如图3-1-24所示，执行【图像】/【调整】/【饱和度】命令，饱和度为"-78"，如图3-1-25所示。

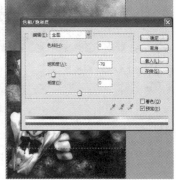

图 3-1-22　使用历史画笔后效果　图 3-1-23　去色效果　图 3-1-24　选定区域调整色相　图 3-1-25　调整色相饱和度

图 3-1-26 使用高斯模糊，模糊选区

案例小结

　　本案例主要运用【历史记录画笔】工具来还原选区内图像的历史效果。另外采用【去色】、调整【色相】、【饱和度】可以使图像形成黑白效果。

04 对刚才设置饱和度的选区执行【滤镜】/【模糊】/【高斯模糊】命令，如图 3-1-26 所示。

05 如图 3-1-27 所示，单击菜单栏上的【选择】/【修改】/【羽化】命令或者右击选择【羽化】命令，对选区进行羽化。

06 在选区上使用【历史记录画笔】工具，不透明度设置为"30%"，再使用文字工具输入图 3-1-28 所示的文字，得到最终效果图。

图 3-1-27 羽化选区

图 3-1-28 最终效果图

拓展实训 制作"海豚的呼吸"效果

设计目的：综合运用【自定义画笔】，绘制基本图像，设置渐变。

操作要求：利用如图 3-1-29 所示的素材，使用画笔制作出如图 3-1-30 所示的效果。

技能点拨：【渐变】、【自定义画笔】等。

图 3-1-29 素材原图

图 3-1-30 最终效果图

■ *创作步骤* ■

01 打开教材光盘\素材\单元 3\海豚 .jpg 文件。

02 新建"图层 1",用【椭圆选择】工具拉出一个正圆,如图 3-1-31 所示,按 *Ctrl* + *Alt* + *D* 组合键羽化后填充白色。在菜单栏单击【选择】/【修改】/【收缩】命令,收缩选区,如图 3-1-32 所示。

图 3-1-31　绘制正圆

图 3-1-32　羽化和收缩选区

03 在选区旁右击,选择【羽化】命令,按 *Delete* 键将选区内的像素删除,图 3-1-33 所示为羽化收缩后的删除效果。

04 新建"图层 2",选择【钢笔】工具,勾画泡泡的立体效果,如图 3-1-34 所示。右击建立选区,打开【渐变编辑器】,拉出渐变,如图 3-1-35 所示。

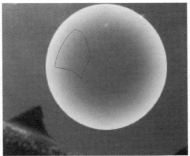

图 3-1-33　羽化收缩后删除效果　　图 3-1-34　钢笔勾画路径　　图 3-1-35　拉出渐变

05 合并"图层 1"和"图层 2",重命名为"泡泡"。

06 选图层"泡泡",按 *Ctrl* + *J* 组合键复制图层。按 *Ctrl* + *T* 组合键自由变换改变泡泡的大小和位置,如图 3-1-36 所示。

图 3-1-36　泡泡排列和调整位置后的效果

07 合并所有复制的图层。

08 按住 *Alt* 键，用鼠标单击泡泡图层，全选泡泡图层。选择【画笔】工具，柔角，【不透明度】"36%"，给泡泡上色。最终效果图如图 3-1-37 所示。

案例小结

本案例主要运用自定义画笔，把绘制好的图案定义成画笔形状，通过改变圆的大小和形状，形成气泡效果。

图 3-1-37 最终效果图

任务3.2 学习图像的编辑

■ 知识准备

1. 图像的移动、复制或粘贴

【移动】工具 ⊕ 可以移动图像。如果没有创建选区，可以移动当前选择的图层图像，如图 3-2-1 所示。

选择【图像】/【复制】命令，可以复制当前图层当前选区中的图像，如图 3-2-2 所示。如果没有选区，则选择当前图层。

图 3-2-1 图像的移动

图 3-2-2 图像的复制

【编辑】/【拷贝】命令是针对当前图层内容的复制命令，执行此命令时可以将当前图层复制到剪贴板中，画面中的图像内容不变。

2．图像的填充与描边操作

填充包括颜色填充和图案填充。其中填充前景色的组合键为 Alt + Delete，填充背景色的组合键是 Ctrl + Delete，另外还可以通过【渐变色】工具在选区或者图层内填充渐变色。图案填充可以把定义好的图案填充到选区或者图层内。图 3-2-3 所示展示了图像的填充。

图 3-2-3　图像的填充

描边操作包括了选区描边、路径描边和图层样式描边。

1）选区描边：不论图层是不是空白都可以，但必须是普通图层，不能是调整层之类。在选区的周围描边可方便网页切图。

2）路径描边：和选区描边类似，沿路径描边。

3）图层样式描边：图层样式的描边在空图层上可以进行，但是没有效果，设置后必须图层上具备有效像素才能看到效果，方便修改控制。

图 3-2-4 所示为图像的描边效果。

图 3-2-4　图像的描边

3．图像的变形与变换操作

选择【编辑】/【变换】命令，可弹出子菜单。利用这个菜单的命令功能可将图像进行变换，或按下 Ctrl + T 组合键进行自由变换，图 3-2-5 所示是执行了自由变换命令的效果。图像的变换有

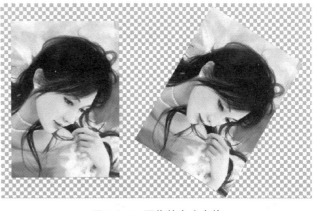

图 3-2-5　图像的自由变换

图 3-2-6　图像的缩放

缩放、旋转、斜切、扭曲、透视、变形、水平翻转、垂直翻转等类型，图 3-2-6 所示是执行了缩放命令的效果。

4.【仿制图章】工具

【仿制图章】工具，主要用于图像的修复，亦可以理解为局部复制。先按住 *Alt* 键，再用鼠标在图像中需要复制或要修复取样点处单击，再在右边的画笔处选取一个合适的图章大小，就可以在图像中修复图像。

5.【图案图章】工具

【图案图章】工具，它也是用来复制图像，但与【仿制图章】工具有些不同。它要求先用矩形选择一个范围，再在【编辑】菜单中单击【定义图案】命令，然后再选择合适的笔头，再在图像中进行复制图案。

6.【修复画笔】工具

【修复画笔】工具就是仿制图章工具的升级版本，操作方法与仿制图章无异，但所复制之处即使跟下方原图之间颜色有差异，也会自动匹配地进行颜色过渡。

7.【修补】工具

【修补】工具用于修改有明显裂痕或污点等有缺陷或者需要更改的图像。选择状态为【目标】的时候，拉取需要修复的选区并拖动到附近完好的区域方可实现修补。选择状态为【源】的时候，拉取完好的区域覆盖需要修补的区域。

8.【红眼】工具

【红眼】工具用于去除图像中人的眼中的红点，在红点上单击即可。

小贴士

实例中用到的快捷键如下。

【修复画笔】工具：J。适合小面积和淡色调，最后收尾工作用。

【修补】工具：J。适合针对小面积。

【颜色替换】工具：B。适合针对底纹或线条复杂对象。

【仿制图章】工具：S。适合有纹理的或复制相同图案时。

■ **实践操作**

基础实训 1　制作"照片修复"效果

设计目的： 综合运用【红眼】工具、【修复画笔】工具等。

操作要求： 利用如图 3-2-7 所示的素材，使用多种工具制作出如图 3-2-8 所示的效果。

技能点拨： 【红眼】工具、【修复画笔】工具、【色相饱和度】等。

图 3-2-7 原图

图 3-2-8 最终效果图

创作步骤

01 打开教材光盘\素材\单元3\人脸.jpg文件，单击 ✐ 工具把【画笔】调到"15"，如图3-2-9所示，按住 *Alt* 键用【修复画笔】进行取样。

02 把取样的区域放到女人脸部斑点处进行遮盖，得到如图3-2-10所示的效果。

03 单击 🔴 工具，利用【红眼】工具框选红眼区域，再单击框选的选区，得到最终效果，如图3-2-11所示。

图 3-2-9 修复画笔设置参数

图 3-2-10 修复斑点后的效果

图 3-2-11 最终效果图

案例小结

本案例主要运用【红眼】工具、【修复画笔】工具来修复受损或有瑕疵的照片。

┌─ **基础实训 2** 制作"童年的嬉戏"效果 ────

设计目的：练习各种修复工具的运用。

操作要求：利用如图3-2-12所示的素材制作出如图3-2-13所示的效果。

技能点拨：【修补】工具、【仿制图章】工具、【修复画笔】、【图案图章】工具等。

图 3-2-12 素材原图

图 3-2-13 最终效果图

创作步骤

01 打开教材配套光盘 \ 素材 \ 单元 3\ 仿制图章 .jpg 文件。

02 选定【仿制图章】工具，按住 *Alt* 键，此时光标为"靶"状，可取色样了，注意于黑色圈内取色样，如图 3-2-14 所示。然后松开 *Alt* 键，在红色圈处慢慢单击，记住此时的取样点随光标也在移动中，也就是目标跟取样点位移是一样的，随着光标单击部位不同取样点也在不断变动。将地上溅出的牛奶和两只小鸭擦除，步骤与效果如图 3-2-15 ~ 图 3-2-17 所示。

03 【仿制图章】工具中可以选择不同的画笔形状、大小，涂抹的各种范围。

图 3-2-14 在黑色圈域内取样

图 3-2-15 涂抹红圈内的牛奶

图 3-2-16 继续使用相同方法擦除牛奶

图 3-2-17 利用修补工具后的效果

04 利用【修补】工具，让两只小鸭处的裂缝保持连续性。

05 利用【修复画笔】工具，对地面再进行修改，增加地面的真实性。

06 打开教材配套光盘 \ 素材 \ 单元 3\ 蝴蝶 .jpg 文件，如图 3-2-18 所示。

图 3-2-18 蝴蝶原图

07 选择【魔棒】工具，选定图片白色背景，容差设置为"20"之后按 *Delete* 键，删除选区内的像素。图 3-2-19 所示为删除背景后的效果。选择菜单栏上的【编辑】/【定义图案】命令，将图片定义为"图案"。

08 选择【图案图章】工具 ，选择刚新建的蝴蝶图案，如图 3-2-20 所示。用【图案图章】工具在图片上绘画蝴蝶，多余图案用橡皮擦清除，效果如图 3-2-21 所示。

图 3-2-19 删除背景后效果

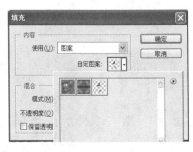

图 3-2-20 选择蝴蝶图案

09 自由变换蝴蝶，让蝴蝶和小孩大小保持适当距离，保存文件。最终效果见图 3-2-22。

图 3-2-21 利用【图案图章】工具后的效果 图 3-2-22 最终效果

案例小结

本案例综合运用【仿制图章】工具、【修复画笔】工具、【修补】工具来修复受损或有瑕疵的图像，另外通过定义和填充图案来完成蝴蝶飞舞的效果。

拓展实训 创作"运动的魅力"效果

设计目的：利用多种工具增强图片表现力。
操作要求：利用如图 3-2-23 所示的素材制作出如图 3-2-24 所示的效果。
技能点拨：【修补】工具、【修复画笔】工具等。

图 3-2-23 素材原图

图 3-2-24 最终效果图

■创作步骤

图 3-2-25　选择区域

01 打开光盘\素材\单元3\运动的魅力.jpg 文件，选择【套索】工具或【多边形套索】工具，选择区域如图 3-2-25 所示。

02 右击选择【羽化】命令，数值为"15"。右键单击【通过拷贝的图层】，得到"图层1"。

选择"图层1"，执行【图像】/【调整】/【去色】命令。去色后效果如图 3-2-26 所示。

03 使用【修复画笔】工具或者【图像仿制】工具修复图层1边缘，效果如图 3-2-27 所示。

04 选择"图层1"，执行【调整】/【色彩平衡】命令，各项设置如图 3-2-28 所示。图 3-2-29 所示为色彩调整效果。

图 3-2-26　去色后效果图

图 3-2-27　修复边缘效果

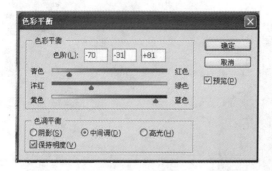

图 3-2-28　调整色彩

图 3-2-29　色彩调整效果

05 选择"图层1"执行【滤镜】/【模糊】/【高斯模糊】命令，【数量】为"17"，【模糊方法】为【缩放】，【品质】为【草图】，如图 3-2-30 所示。最终效果如图 3-2-31 所示。

案例小结

本案例综合运用【修复画笔】工具来修复颜色过渡的边缘，另外通过滤镜和颜色的调整来形成动感效果。

图 3-2-30　径向模糊设置　　　图 3-2-31　最终效果图

任务3.3　熟悉【文字】工具的应用

■ 知识准备

1.【文字】工具

可实现在图像中输入文字。选中该工具后，在图像中单击一下便出现文本框，即可输入文字。输入文字后对该图层双击，对文字加以编辑，在【文字】选项栏中还可任意选择颜色。文字选项栏如图 3-3-1 所示。

图 3-3-1　【文字】工具选项栏

2.【横排文字】工具

可实现在图像中添加横排格式的文字。横排格式是一种最常用的文字格式。在输入文字时，可以先设置文字的格式化参数，再输入文字。也可以先输入文字，然后根据需要进行格式化设置。

1)【竖排文字】工具可以在图像中输入竖排格式的文字。创建竖排文字的方法与创建横排文字完全相同。

2)【横排文字蒙版】工具与【直排文字蒙版】工具创建的文字在

最后仅形成文字所在的选择区，而不是真正的文字。

3）【竖排文字蒙版】工具：使用【竖排文字】工具创建文本后将自动创建一个文字图层，而使用【竖排文字蒙版】工具创建文本后仅能形成选择区，即不会自动创建新的图层。

4）【钢笔】工具属于矢量绘图工具，其优点是可以勾画平滑的曲线（在缩放或者变形之后仍能保持平滑效果）。【钢笔】工具画出来的矢量图形称为路径，路径是矢量的。

5）【路径】是允许不封闭的开放状，如果把起点与终点重合绘制就可以得到封闭的路径。

■ **实践操作**

—**基础实训**— 制作"保护环境，人人有责"效果 —

图 3-3-2 素材原图

设计目的：练习【路径文字】的应用。
操作要求：利用如图 3-3-2 所示的素材，使用路径文字制作出如图 3-3-3 所示的效果。
技能点拨：【路径文字】、【文字设置】等。

图 3-3-3 最终效果图

■ **创作步骤**

01 打开教材配套光盘\素材\单元3\爱护环境.jpg文件，选择【钢笔】工具，在左手沿着大拇指和食指建立开放路径，如图 3-3-4 所示。

02 选择 T 工具，单击路径开头，输入"爱护环境"4 个字。调整文字位置，形成如图 3-3-5 所示效果。

03 再次利用【钢笔】工具，在右手沿着食指和大拇指建立开放路径，如图 3-3-6 所示。

04 选择 [T] 工具，单击路径开头，输入"人人有责"4个字。
调整文字位置，删除路径，形成最终效果，如图3-3-7所示。

图3-3-4 利用钢笔工具建立路径

图3-3-5 左边文字效果

图3-3-6 右边路径效果

图3-3-7 最终效果

案例小结

　　本案例通过【路径文字】的使用，创作出"保护环境、人人有责"的效果。

拓展实训 制作"印章文字"效果

　　设计目的：练习【竖排文字】和【滤镜】的综合应用。
　　操作要求：制作出如图3-3-8所示的效果。
　　技能点拨：【竖排文字】、【扩散】、【添加杂色】等。

图3-3-8 印章文字最后效果

创作步骤

01 新建一个长和宽都为400像素的图像文件。

02 在通道调板中单击 按钮新建一个 Alpha 通道，系统自动
将其命名为"Alpha1"。

03 在工具栏中单击【竖排文字】工具**IT**，然后在图像窗口中创建如图 3-3-9 所示的文字。

04 使用【矩形选框】工具在图像窗口中绘制一个矩形选区，如图 3-3-9 所示。

05 单击菜单命令【编辑】/【描边】，打开如图 3-3-10 所示的【描边】对话框。

06 在对话框的设置中，设置描边【宽度】为"12px"，然后单击【确定】按钮，关闭对话框。系统将沿着选区进行描边，如图 3-3-11 所示。

图 3-3-9 建立选区　　　　图 3-3-10 【描边】对话框　　　　图 3-3-11 描边后效果

07 在工具栏中单击【魔棒】工具，然后在文字的笔画处单击选中通道中白色的文字笔画和矩形框。

08 单击菜单命令【滤镜】/【杂色】/【添加杂色】，打开对话框，按图 3-3-12 所示设置参数后，单击【确定】按钮。通道中被选中的白色区域中被添加了一些杂点，如图 3-3-13 所示。

09 使用组合键 *Ctrl* + *D* 取消选区，单击菜单命令【滤镜】/【风格化】/【扩散】，打开如图 3-3-14 所示的对话框，按照图中设置参数后，单击【确定】按钮，对通道应用扩散滤镜。

图 3-3-12 【添加杂色】对话框　　　图 3-3-13 添加杂色后效果　　　图 3-3-14 【扩散】对话框

10 再使用两次组合键 *Ctrl* + *F* 重复对通道应用扩散滤镜后，效果如图 3-3-15 所示。

11 单击菜单命令【滤镜】/【模糊】/【进一步模糊】将通道模糊。

12 单击菜单命令【图像】/【调整】/【阈值】，打开如图 3-3-16 所示的对话框，将【阈值色阶】值设置为 "250"，单击【确定】按钮，效果如图 3-3-17 所示。

图 3-3-15　扩散后效果　　　　图 3-3-16　阈值色阶调整　　　　图 3-3-17　调整阈值后效果

13 在通道调板中单击 "RGB" 通道重新显示图像，然后按住 *Ctrl* 键单击 "Alpha1" 通道，将该通道作为选区载入，效果如图 3-3-18 所示。

14 将前景色设置为印泥的红色，然后使用组合键 *Alt* + *Delete*，使用前景色填充选区，得到最终效果，如图 3-3-19 所示。

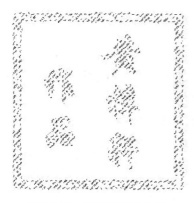

图 3-3-18　选择通道中文字　　　图 3-3-19　最终效果

案例小结

本案例通过多种滤镜、选区的综合运用，来完成印章文字的效果。

任务3.4 技能巩固与提高

提高训练 1 制作教师节贺卡

设计目的：练习各种文字效果的综合应用。

操作要求：利用如图 3-4-1 所示的素材，使用【横排文字】、【竖排文字】、【路径文字】、【羽化】、【图层选项】等工具制作出如图 3-4-2 所示的效果。

技能点拨：【路径文字】、【羽化】等。

图 3-4-1 蜡烛素材

图 3-4-2 贺卡最终效果

创作步骤

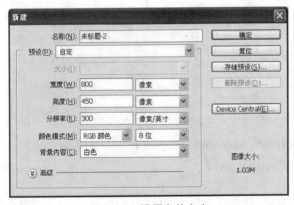

图 3-4-3 设置文件大小

01 执行菜单命令【文件】/【新建】（组合键为 *Ctrl* + *N*），并在【新建】对话框中设置【名称】为"教师节快乐"，【宽度】为"800像素"，【高度】为"450 像素"，【分辨率】为"300像素/英寸"，如图 3-4-3 所示。

02 设置前景色为白色，背景色为：R，211；G，162；B，95。使用【渐变】工具，并在工具选项栏中设置为【径向渐变】，在背景层中拖动出如图 3-4-4 所示的效果。

03 打开光盘中 \素材\单元 3\贺卡素材 .jpg 文件，将其拖到贺卡图片中。按 *Ctrl* + *T* 组合键，为自由变换工具，将蜡烛图片缩小，放到右下角位置，如图 3-4-5 所示。

图 3-4-4　径向渐变效果图

图 3-4-5　自由变换后效果

04 使用【套索】工具，选择一个如图 3-4-6 所示的选区。注意要保持蜡烛位置。

05 按 *Ctrl* + *Alt* + *D* 组合键，执行【羽化】命令，并将【半径】值设置为 "30" 像素。按键盘上的 *Delete* 键，清除选区内容。为了得到更好的效果，可执行多次，如图 3-4-7 所示。

图 3-4-6　建立选区

图 3-4-7　删除羽化选区图像效果

06 单击工具栏中的【文字】工具，输入一个 "感" 字，并将色彩设置为黑色。在工具选项栏中设置【字体】为【华文行楷】，大小约 "42 点"，效果如图 3-4-8 所示。

07 继续使用【文字】工具，输入一个 "恩" 字，按如图 3-4-9 所示位置摆放，并按图示设置大小。

图 3-4-8　输入文字 "感"

图 3-4-9　输入文字 "恩"

08 在【图层】面板中，分别设置图层"感"和图层"恩"的透明度为"16%"，效果如图 3-4-10 所示。

09 继续使用【文字】工具，输入一个"因"字，设置【字体】为【华文中宋】，设置合适的大小，并设置为灰色。使用【文字】工具，输入一个"心"字，与"因"字构成一个"恩"字，并将"心"字设置为红色，如图 3-4-11 所示。

图 3-4-10　设置透明度后效果

图 3-4-11　输入文字

10 双击图层"心"，打开图层样式面板，设置外发光效果，色彩为白色；双击图层"因"，打开图层样式面板，设置外发光，色彩为白色，效果如图 3-4-12 所示。

11 使用【文字】工具，输入"为有您……"，与"因"字形成"因为有你"；使用竖排文字工具，输入"存感激……"，与"心"形成"心存感激……"，效果如图 3-4-13 所示。

图 3-4-12　设置图层模式后效果

图 3-4-13　竖排文字效果

12 使用椭圆形画图工具，按住 *Shift* 键，画出一个圆形。选择【文字】工具，输入"Teachers'Day"，设置自己喜欢的字体，完成路径文字，如图 3-4-14 所示。

图 3-4-14 最终效果图

本案例通过多种文字工具的使用，并且综合运用图层样式、绘制路径、羽化选区等相关操作，制作出贺卡效果。

提高训练2 制作"鼠绘国画"效果图

设计目的：练习鼠绘的应用。

操作要求：利用【画笔】、【铅笔】、【文字】、【减淡】、【加深】、【涂抹】等工具，制作出如图 3-4-15 所示的效果。

技能点拨：【画笔】、【减淡】等。

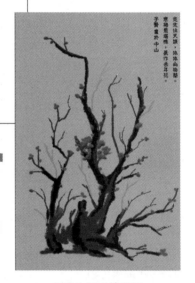

图 3-4-15 效果图

创作步骤

01 新建一个大小为 400×600 像素，白色背景的文件。

02 选择【画笔】工具，勾选【喷枪】和【平滑】选项，【直径】设置为"13px"，【间距】为"25%"，设置对话框如图 3-4-16 所示。

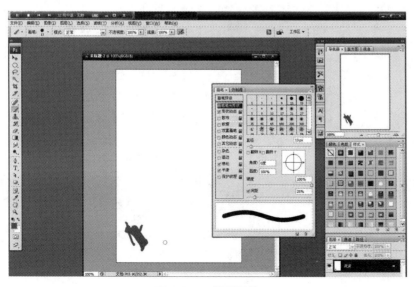

图 3-4-16 设置画笔

03 执行菜单命令【图层】/【新建】/【图层】或者按 *Shift* + *Ctrl* + *N* 组合键，新建图层并命名为"草图"。选择【画笔】工具，结合左右中括号键调整画笔大小，用【画笔】工具勾勒出主枝干图，如图 3-4-17 所示。

04 执行菜单命令【图层】/【新建】/【图层】，设置前景色，画出梅花枝干，如图 3-4-18 所示。

图 3-4-17　绘制梅花主干

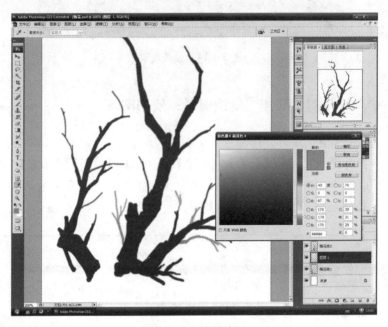

图 3-4-18　绘制枝干

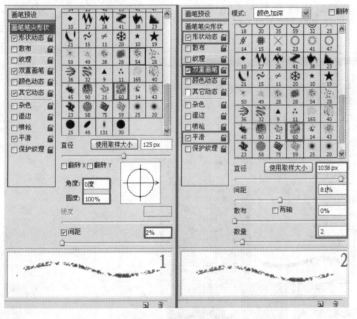

图 3-4-19　画笔设置

05 选择工具栏中的【画笔】工具或者使用快捷键 *B*，然后按 *F5* 键打开【画笔预设】面板，选择【画笔笔尖形状】，选择如图 3-4-18 中"1"处所示的画笔，并设置【角度】为"0 度"，【圆度】为"100%"，【间距】为"5%"；然后勾选【形状动态】以及【双重画笔】、【平滑】选项，再设置双重画笔的属性，选择如图 3-4-19 中"2"处所示的画笔，设置【直径】为"1038px"，【间距】为"81%"，【散布】为"0%"，【数量】为"2"。

06 绘画梅花阴影。执行菜单命令【图层】/【新建】/【图层】或者按 *Shift* + *Ctrl* + *N* 组合键,新建图层并命名为"花朵颜色"。拖动花朵颜色图层将其放置于主枝干图层之下,然后选择工具栏中的【画笔】工具或者使用快捷键 *B*,在画布上右击弹出画笔选取器,选择柔角画笔,再将【前景色】设置为"红色"。根据需要结合左右中括号键调节画笔大小,在花朵颜色图层上描绘出花朵颜色。分别选择工具栏中的【加深】工具和【减淡】工具或者按 *O* 键,在"花朵颜色"图层上对花瓣靠里面部位进行加深,对花朵边缘部位进行减淡操作。注意每一朵花之间的层次变化,也就是每朵花之间的深浅变化,不要绘制成每一朵花都一样深浅。最终效果图如图 3-4-19 所示。

图 3-4-19　最终效果图

案例小结

　　本案例通过【画笔】工具的使用,【画笔】参数的设置,综合【文字】工具,手绘出梅花图。

单元小结

　　本单元主要介绍了绘图及文字工具的应用,包括【画笔】、【铅笔】,以及【历史记录画笔】、【污点修复画笔】工具、【修复画笔】工具、【修补】工具、【红眼】工具、【颜色替换】工具、【仿制图章】工具、【图案图章】工具、【橡皮擦】工具、【背景色橡皮擦】工具、【魔术橡皮擦】工具、【渐变】工具、【油漆桶】工具、【模糊】工具、【锐化】工具、【涂抹】工具、【减淡】工具、【加深】工具、【海绵】工具。本单元的实例只是涉及了部分工具,对于绘图和文字技巧的提高,主要还需通过加强训练才能熟能生巧,希望大家能学有所获。

习题图 1　实训（1）素材原图

习题图 2　实训（1）最终效果图

习 题

一、选择题

（1）如需要使用【历史记录画笔】工具，可单击下列（　）按钮来完成。

A. ✎　　　　　B. ✄　　　　　C. ✐

（2）选择【修复画笔】工具后，需要按住（　）键进行取样。

A. Shift　　　　　B. Alt　　　　　C. Ctrl

二、实训题

（1）利用习题图 1 所示素材，使用画笔制作出如习题图 2 所示的效果。

技能点拨：【渐变】、【自定义画笔】等。

【渐变】：在填充颜色时，可以将颜色变化从一种颜色到另一种颜色的变化，或由浅到深、由深到浅的变化

【自定义画笔】预设：预设画笔的不同形状。 在 Photoshop 中通过【导航器】上方的【画笔】可调出画笔预设菜单。

（2）利用如习题图 3 所示素材，使用画笔制作出如习题图 4 所示的效果。

技能点拨：【路径文字】、【文字设置】等。

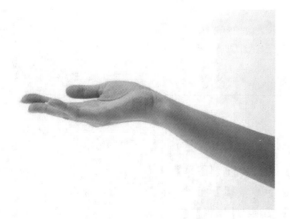

习题图 3　实训（2）素材原图

习题图 4　实训（2）最终效果图

单元4

路径及其他工具的应用

本单元学习目标 ——————————

- 掌握路径工具的概念及其应用。
- 掌握各种矢量图形工具的应用。
- 学会【路径】面板的使用。
- 学会其他工具使用方法。

任务4.1 学习路径工具的应用

■ 知识准备

1. 路径工具

【钢笔】工具：【钢笔】工具可用于绘制具有高精度的图像。

【自由钢笔】工具：【自由钢笔】工具可用于像使用铅笔在纸上绘图一样来绘制路径。

【添加锚点】工具：【添加锚点】工具可以增强对路径的控制，也可以扩展开放路径。但最好不要添加多余的点，点数较少的路径更易于编辑、显示和打印。

【删除锚点】工具：可以通过删除不必要的锚点来降低路径的复杂性。默认情况下，当将【钢笔】工具定位到所选路径上时，它会变成【添加锚点】工具；当将【钢笔】工具定位到锚点上时，它会变成【删除锚点】工具。

注意：在 Photoshop 中，必须在选项栏中选择【自动添加／删除】选项，以便使【钢笔】工具自动变为【添加锚点】工具或【删除锚点】工具。

【转换点】工具：可以使锚点在角点和平滑点之间进行转换。将鼠标移动到锚点的控制点上按下左键并拖曳，可以调整该锚点的形态。

【路径选择】工具：可以用来选择一个或几个路径，并对其进行移动、组合、排列、分布和变换等操作。

【直接选择】工具：可以用来移动路径中的锚点或线段，也可以改变锚点的形态。选择此工具后单击路径上的一个锚点将其选中成黑色，用鼠标拖曳选中的锚点可以修改路径的形态。单击两个锚点之间的直线段（曲线段除外）并进行拖曳，也可以调整路径的形态。

【自动添加／删除】选项：选中此选项可在单击线段时添加锚点，或在单击锚点时删除锚点。

图4-1-1 【钢笔】工具绘制路径

2. 路径概念

【钢笔】工具绘出来的矢量图形称为路径。【钢笔】工具属于"矢量绘图"工具，其优点是可以勾画平滑的曲线，绘制路径如图4-1-1所示。在缩放或者变形之后路径仍能保持平滑效果，如图4-1-2所示。

锚点：路径由一个或多个直线或曲线的线段构成，锚点标记路径上线段的端点。

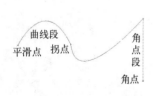

图4-1-2 路径

调节柄：在曲线线段上，每个选择的锚点显示一个或两个调节柄。

调节点：调节柄的终点，用于控制调节柄的长度及位置。

路径可以是闭合的，没有起点和终点（例如，一个圆圈）；也可以是开放的，带有明显的端点（例如，一条波形线）。如图 4-1-3 所示的闭合和开放路径，A 为选择的线段，B 为未选择的锚点，C 为选择的锚点，D 为选择的端点。

平滑曲线由叫做平滑点的锚点连接，尖的曲线路径由角点连接。当移动平滑点的一条调节柄时，该点两侧的曲线段会同时调整。相比较而言，当移动角点的一条调节柄时，则只调整与调节柄同一侧的曲线。调整平滑点和角点如图 4-1-4 所示。

使用【钢笔】工具时，可以使用三种不同的模式进行绘制。在选定【形状】或【钢笔】工具时，通过选择选项栏中的图标来选取其中一种模式。【钢笔】工具属性栏如图 4-1-5 所示。

![icon] 形状图层：在单独的图层中创建形状。可以使用【形状】工具或【钢笔】工具来创建形状图层。可以方便地移动、对齐、分布形状图层以及调整其大小，所以形状图层非常适于为 Web 页创建图形。可以选择在一个图层上绘制多个形状。形状图层包含定义形状颜色的填充图层和定义形状轮廓的链接矢量蒙版。形状轮廓是路径，它出现在【路径】面板中。

![icon] 路径：在当前图层中绘制一个工作路径，可随后使用它来创建选区、矢量蒙版，或者使用颜色填充或描边以创建栅格图形（与使用绘画工具非常类似）。

![icon] 填充像素：直接在图层上绘制，与绘画工具的功能非常类似。在此模式中工作时，创建的是栅格图像，而不是矢量图形。可以像处理任何栅格图像一样来处理绘制的形状。在此模式中只能使用【形状】工具。

注意： 在绘制路径时要闭合路径，请将【钢笔】工具定位在第一个（空心）锚点上。如果放置的位置正确，【钢笔】工具指针 ![icon] 旁将出现一个小圆圈，单击或拖动可闭合路径；若要保持路径开放，则按住 *Ctrl* 键并单击远离所有对象的任何位置。

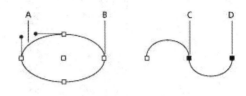

图 4-1-3　闭合和开放路径

注意： 不要使用 *Delete* 键或 *Backspace* 键，或执行菜单栏中的【编辑】/【剪切】或【编辑】/【清除】命令来删除锚点。这些键和命令会删除连接该点的点和线段。

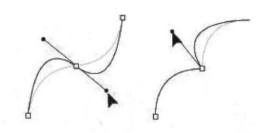

图 4-1-4　调整平滑点和角点

形状图层　填充像素　自由钢笔工具　椭圆工具　直线工具

路径　钢笔工具　矩形工具　圆角矩形工具　多边形工具　自定义形状工具

图 4-1-5　【钢笔】工具属性栏

■ 实践操作

基础实训 制作"彩雀的绘制"效果

图4-1-6 "麻雀"素材

设计目的：掌握【钢笔】与【路径选择】工具的应用。

操作要求：利用如图4-1-6所示的"麻雀"素材，使用【钢笔】工具抠取麻雀外轮廓，参照图4-1-7对麻雀填充颜色。

技能点拨：【钢笔】、【路径选择】、【路径作为选区载入】、【画笔】。

图4-1-7 效果图

■ 创作步骤

图4-1-8 创建路径起始点

图4-1-9 创建第二个路径节点

01 执行菜单栏中的【文件】／【打开】命令，打开教学光盘＼素材＼单元4\4-1-6.jpg文件的图片。

02 单击工具栏中的 🔍 按钮，单击【属性】中的 填充屏幕 按钮，使图像尽可能填充整个工作区，方便创建与调整闭合路径。

03 单击工具栏中的 🖋 按钮，激活属性栏中的 按钮。

04 将鼠标光标移动到如图4-1-8所示的画面位置，单击，创建路径起始点。

05 将鼠标光标移动到画面如图4-1-9所示的位置，单击，创建第二个路径节点。

06 用与步骤05相同的方法，沿图在麻雀的边缘依次单击，创建出如图4-1-10所示的闭合钢笔路径。

07 单击工具栏中的 按钮，将鼠标光标移动到第二个路径节点上，按下鼠标左键并拖曳，此时将出现两条调节柄，如图4-1-11所示。

图 4-1-10 创建闭合钢笔路径

图 4-1-11 拖曳出调节柄

图 4-1-12 节点左侧弧度调整

08 分别调整两端调节柄的长度和方向，从而调整节点两侧路径的弧度，使其紧贴于麻雀的轮廓位置，如图 4-1-12 和图 4-1-13 所示。

09 采用与步骤 07 和步骤 08 相同的方法，将路径调整成如图 4-1-14 所示的形态。

10 单击工具栏中的 按钮，单击鼠标选中闭合路径，按 *Ctrl* + *C* 组合键对路径进行复制。

图 4-1-13 节点右侧弧度调整

11 新建一个"默认 Photoshop 大小"的新文档，在新文档空白处按两下 *Ctrl* + *V* 组合键，粘贴出两个闭合路径，对两个闭合路径的位置进行适当调整，如图 4-1-15 所示。

12 使用 工具选中如图 4-1-15 所示的左边的路径，单击【路径】面板底部的 （将路径作为选区载入）按钮。

图 4-1-14 路径最终形态

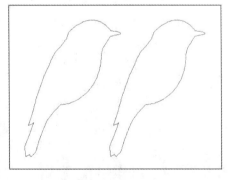

图 4-1-15 复制两个闭合路径

13 将前景色设置为蓝色（R 为 0,G 为 0,B 为 255），单击【图层】面板中的 按钮，新建一图层，按 *Alt* + *Backspace* 组合键填充路径。单击工具栏中的 按钮，设置画笔的【大小】为"15",【硬度】

为"100%",将前景色设为白色,添加白色的眼睛,效果如图 4-1-16 所示。

图 4-1-16 路径填充　　图 4-1-17 路径填充与描边　　　图 4-1-18 最终效果图

14 用与步骤 13 相同的方法,将如图 4-1-15 所示的右边的路径填充为黄色(R 为 255,G 为 255,B 为 0),眼睛为红色(R 为 255,G 为 0,B 为 0)。设置画笔的【大小】为"80",【硬度】为"50%",利用画笔的边缘对填充的图形进行修饰,如图 4-1-17 所示。

15 修饰完成后的最终效果如图 4-1-18 所示。执行【文件】/【存储】命令,将图片以"彩雀的绘制 .psd"为文件名保存。

拓展实训　制作"梦幻艺术照"效果

设计目的:熟悉【钢笔】和【转换点】工具的应用。

操作要求:利用如图 4-1-19 和图 4-1-20 所示的素材,使用【钢笔】工具抠取人物的外轮廓,对人物背景进行置换,制作出如图 4-1-21 所示的效果。

技能点拨:【钢笔】、【转换点】、【羽化】。

图 4-1-19 背景素材　　　图 4-1-20 照片素材　　　图 4-1-21 置换背景后效果

创作步骤

01 单击菜单栏中的【文件】／【打开】命令，打开教学光盘中素材＼单元4\4-1-20.jpg 文件。

02 按 *Ctrl* ＋ 组合键，将当前画面放大显示，然后按住空格键与鼠标左键，并移动鼠标，将画面窗口平移至合适的位置，如图 4-1-22 所示。

03 单击工具栏中的 按钮，激活属性栏中的 按钮。

04 将鼠标光标移动到画面如图 4-1-23 所示的位置单击，创建路径起始点。

05 将鼠标光标移动到画面如图 4-1-24 所示的位置单击，创建第二个路径节点。

图 4-1-22　放大、平移　　　图 4-1-23　创建路径起始点图　　　图 4-1-24　创建第二个路径节点

06 用与步骤 05 相同的方法，结合步骤 02 中平移画面的方法，沿人物的边缘依次单击，创建出如图 4-1-25 所示的闭合钢笔路径。

07 单击工具箱中的 按钮，将鼠标光标移动到第二个路径节点上，按下鼠标左键并拖曳，此时将出现两条调节柄，如图 4-2-26 所示。

图 4-1-25　创建闭合钢笔路径　　　图 4-1-26　拖曳出调节柄

08 分别调整两端调节柄的长度和方向，从而调整节点两侧路径的弧度，使其紧贴于人物的轮廓位置，如图 4-1-27 和图 4-1-28 所示。

09 用与步骤 07 和步骤 08 相同的方法，将路径调整成如图 4-1-29 所示的形态。

10 单击【路径】面板底部的 ⊙（将路径作为选区载入）按钮，将路径转换成选区。

11 选择菜单栏中的【选择】/【修改】/【平滑】命令，在弹出的【平滑选区】对话框中设置如图 4-2-30 所示的参数，单击 确定 按钮。

图 4-1-27 节点上方弧度调整

图 4-1-28 节点下方弧度调整

图 4-1-29 路径最终形态

图 4-1-30 复制两个闭合路径

案例小结

本节通过制作"梦幻艺术照"效果，使读者对【钢笔】工具有了更深的认识。使用【钢笔】工具是创建选区进行抠图比较理想的方法之一，希望读者能够熟练掌握。

图 4-1-31 最终效果

12 选择菜单栏中的【编辑】/【拷贝】命令，复制选区内的人物图像。

13 选择菜单栏中的【文件】/【打开】命令，打开教学光盘中 4-1-19.jpg 文件，按 Ctrl + V 组合键粘贴人物图像，并适当调整人物位置，最终效果如图 4-1-31 所示。

14 执行【文件】/【存储】命令，将图片以"梦幻艺术照.psd"为文件名保存。

任务4.2　熟悉【路径】面板应用

■ 知识准备

1. 路径控制面板组成

路径作为平面图像处理中的一个要素，显得非常重要，所以和通道图层一样，在 Photoshop CS4 中也提供了一个专门的控制面板：【路径】控制面板。

【路径】控制面板主要由系统按钮区、标签区、路径列表区、工具图标区、控制菜单区构成，如图 4-2-1 所示。

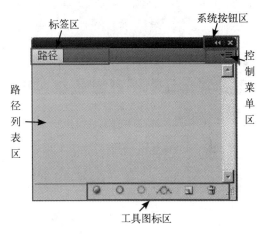

图 4-2-1　【路径】面板

2. 【路径】面板工具图标区

1) 用前景色填充路径 ● ：将当前的路径内部完全填充为前景色。

2) 用画笔描边路径 ○ ：使用当前画笔状态沿路径的外轮廓进行边界勾勒。

3) 将路径作为选区载入 ○ ：将当前被选中的路径转换成处理图像时用以定义处理范围的选择区域。

4) 从选区生成路径 ◇ ：将所选择区域转换为路径。

5) 创建新路径 ◁ ：用于创建一个新的路径。

6) 删除当前路径 ▤ ：用于删除当前路径。

3. 【路径】控制菜单

与通道等控制面板类似，单击【路径】控制面板上方右侧的下三角按钮，即可弹出暗藏的【路径】控制菜单，其中的菜单项可以完成【路径】控制面板中的所有图标功能。

■ 实践操作

┌ 基础实训 1　制作"邮票"效果

设计目的：认识【矢量图形】工具和掌握【路径】面板命令的使用方法。

操作要求：利用如图 4-2-2 所示的素材，使用【矢量图形】(矩形)工具和【路径】面板命令（用画笔描边路径）制作如图 4-2-3 所示的邮票效果。

技能点拨:【矢量图形】、【用画笔描边路径】、【橡皮擦】、画笔笔尖的设置、【文字】工具。

图 4-2-2　素材

图 4-2-3　最终效果

▌创作步骤

01 选择菜单栏中的【文件】/【新建】命令,在弹出的【新建】对话框中设置如图 4-2-4 所示的参数,单击 **确定** 按钮,创建一个新文件。

02 为新建文件填充黑色背景,如图 4-2-5 所示。

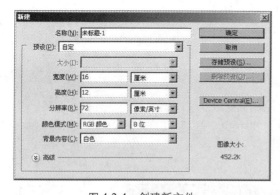

图 4-2-4　创建新文件

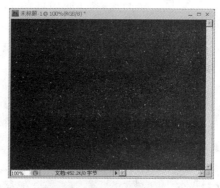

图 4-2-5　填充黑色背景

03 选择菜单栏中的【文件】/【打开】命令,打开教学辅助光盘\素材\单元 4\4-2-2.jpg 文件。

04 单击工具栏中的 按钮,将教学光盘中、素材、单元 4、图 4-2-2.jpg 移动到新建文档中,并适当调整图像位置,效果如图 4-2-6 所示。

05 按住键盘中的 **Ctrl** 键,鼠标单击"图层 1"的缩览图,为"图层1"添加选区，如图4-2-7所示。

06 选择菜单栏中的【选择】/【变换选区】命令，为选区添加变换框，按住键盘 *Shift* + *Alt* 适当调大选区，如图4-2-8所示。

07 按下 *Enter* 键，确定变换后的选区范围，在"背景"层上面新建"图层2"，如图4-2-9所示。

图 4-2-6　移动图像到新建文档

图 4-2-7　添加选区

图 4-2-8　选区调整

图 4-2-9　确定选区，新建图层

08 按 *D* 键，将工具栏中的前景色与背景色分别设置为黑色和白色，按 *Ctrl* + *Backspace* 组合键，将选区填充为背景色（白色），效果如图4-2-10所示。

09 单击【路径】面板底部的 （从选区生成工作路径）按钮，使选区转换成路径，如图4-2-11所示。

10 单击工具栏中的 按钮，然后单击其属性栏中的 按钮，在弹出的【画笔预设】面板中设置如图4-2-12所示的参数。

11 单击【路径】面板底部的 （用画笔描边路径）按钮，效果如图4-2-13所示。

图 4-2-10　填充选区

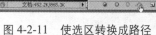

图 4-2-11　使选区转换成路径

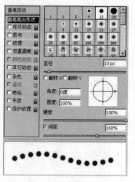

图 4-2-12　【画笔预设】面板

图 4-2-13　画笔描边路径

12 单击【图层】面板，选中"图层 1"的缩览图，单击工具箱中的 T 按钮，在图像上单击鼠标，新建一名为"图层 3"的文字图层，如图 4-2-14 所示。

13 设置文字属性栏参数，字体为"黑体"，大小为"22点"，颜色为"白色"，并在画面右上角输入"中国邮政"，效果如图 4-2-15 所示。

图 4-2-14　新建文字图层

图 4-2-15　输入文字

图 4-2-16　最终效果

14 用与步骤 12 和步骤 13 相同的方法，在画面的左下角输入"80 分"，并把"分"字设置为上标，最终效果如图 4-2-16 所示。

15 执行【文件】/【存储】命令，将图片以"邮票的制作 .psd"为文件名保存。

案例小结

　　本节通过制作邮票，主要学习了【路径】面板的使用方法。通过【路径】面板控制菜单，不仅可以对路径进行快速填充与描边，还能在路径与选区间进行快速切换。因此熟练掌握【路径】面板的使用，对进一步掌握【路径】工具的使用显得尤为重要。

基础实训 2　绘制"彩蝶"效果

　　设计目的： 掌握【矢量图形】（自定义形状）工具的使用方法。

　　操作要求： 使用【矢量图形】（自定义形状）工具绘制蝴蝶外轮廓，对蝴蝶进行渐变填充，输入文字，制作如图4-2-17所示的效果。

　　技能点拨： 【矢量图形】、【渐变】工具、【文字】工具。

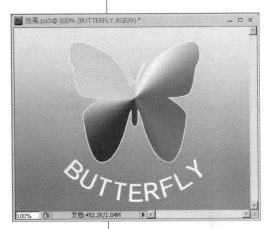

图 4-2-17　"彩蝶"效果

创作步骤

　　01 选择菜单栏中的【文件】/【新建】命令，新建一个"默认 Photoshop 大小"的新文档。

　　02 将前景色设置为蓝绿（R 为 180，G 为 255，B 为 210），背景色设置为绿色（R 为 50，G 为 185，B 为 90）。

　　03 单击工具栏中的■按钮，在渐变属性栏选择【线性渐变】方式，其他参数默认。

　　04 按住 *Shift* 键，按下鼠标左键并由上往下拖曳，填充垂直线性渐变背景，效果如图 4-2-18 所示。

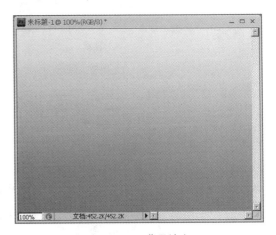

图 4-2-18　背景填充

05 单击工具栏中的■按钮，设置其属性栏的参数，如图 4-2-19 所示。

图 4-2-19 参数设置

06 单击【图层】面板中的■按钮，新建"图层 1"。

07 按住 *Shift* 键，按下鼠标左键并拖曳，绘制如图 4-2-20 所示的蝴蝶路径。

08 单击【路径】面板底部的○（将路径作为选区载入）按钮，将路径转换成选区，效果如图 4-2-21 所示。

09 选择菜单栏中的【编辑】/【描边】命令，在弹出的【描边】对话框中设置如图 4-2-22 所示的参数。颜色：R 为 255；G 为 255；B 为 0。

10 单击 确定 按钮，为蝴蝶进行描边，效果如图 4-2-23 所示。

图 4-2-20 绘制蝴蝶路径

图 4-2-21 路径转换成选区

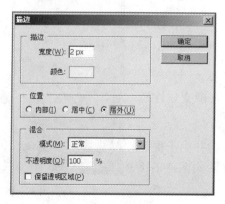

图 4-2-22 描边参数设置

图 4-2-23 描边

11 单击工具栏中的 按钮，在属性栏选择【角度渐变】方式，其他参数为默认。然后单击 按钮，在弹出的【渐变编辑器】对话框中，设置如图 4-2-24 所示的渐变方式，并单击 确定 按钮。

12 按住鼠标左键，并由蝴蝶中心点水平向右拖曳，拖曳到蝴蝶轮廓位置时松开鼠标，填充效果如图 4-2-25 所示。

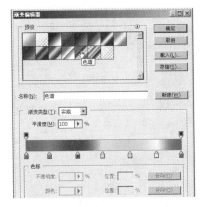

图 4-2-24 【渐变编辑器】对话框

图 4-2-25 渐变填充

13 按 *Ctrl* + *D* 组合键取消选区，回到图层面板。单击工具栏中的 T 按钮，在图像上单击，新建一名为"图层 2"的文字图层，如图 4-2-26 所示。

14 设置文字属性栏参数，【字体】为"黑体"，【大小】为"50点"，【颜色】为"白色"，并在画面右上角输入"BUTTERFLY"，效果如图 4-2-27 所示。

图 4-2-26 新建文字图层

图 4-2-27 文字输入

15 单击属性栏中的 按钮，在【变形文字】对话框中设置参数，如图 4-2-28 所示。

16 调整变形后的文字，最终效果如图 4-2-29 所示。

17 执行【文件】/【存储】命令，将图片以"彩蝶的绘制.psd"为文件名保存。

图 4-2-28 文字变形

图 4-2-29 "彩蝶"最终效果

案例小结

　　本节通过绘制"彩蝶"，主要学习了【矢量图形】（自定义形状）工具的使用方法。Photoshop【矢量图形】（自定义形状）提供了丰富的图形形状，利用该工具可以轻松地绘制多种形状的图形。

拓展实训　制作"背景设计"效果

设计目的：掌握【矢量图形】和【钢笔】工具的使用方法。
操作要求：使用【矢量图形】、【钢笔】和【路径选择】工具制作如图4-2-30所示的"背景"。
技能点拨：【矢量图形】、【钢笔】、【路径选择】、【路径】面板、【光照效果】。

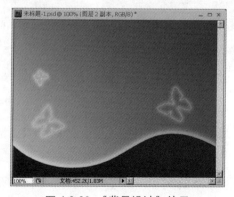

图 4-2-30 "背景设计"效果

■ *创作步骤*

01 选择菜单栏中的【文件】/【新建】命令，新建一个"默认 Photoshop 大小"的新文档。

02 将前景色设置为鲜绿（R 为 180，G 为 232，B 为 130），背景色设置为深绿（R 为 30，G 为 110，B 为 0）。

03 单击工具栏中的  按钮，在渐变属性栏选择【线性渐变】方式，其他参数默认。

04 按下鼠标左键并由图像左下角往右上角拖曳，填充对角线性渐变背景，效果如图 4-2-31 所示。

图 4-2-31　背景填充

05 单击【图层】面板中的 ▣ 按钮，新建"图层 1"，如图 4-2-32 所示。

06 单击工具栏中的 ✎ 按钮，激活属性栏中的 ▥ 按钮，用钢笔工具绘制出如图 4-2-33 所示的路径。

07 将前景色设置为深绿色（R 为 20，G 为 80，B 为 10）。

08 单击【路径】面板底部的 ⬤（用前景色填充路径）按钮，效果如图 4-2-34 所示。

图 4-2-32　新建图层

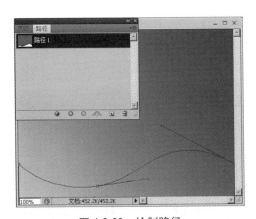

图 4-2-33　绘制路径

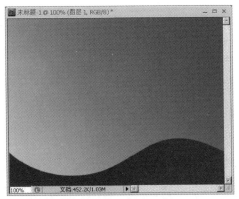

图 4-2-34　填充路径

09 右击"图层 1"缩览图，在弹出的快捷菜单中选择【混合选项】命令。

10 在弹出的【图层样式】对话框中设置如图 4-2-35 所示的参数。

11 单击 确定 按钮，为"图层1"添加外发光效果，如图 4-2-36 所示。

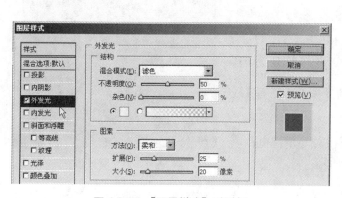

图 4-2-35 【图层样式】对话框

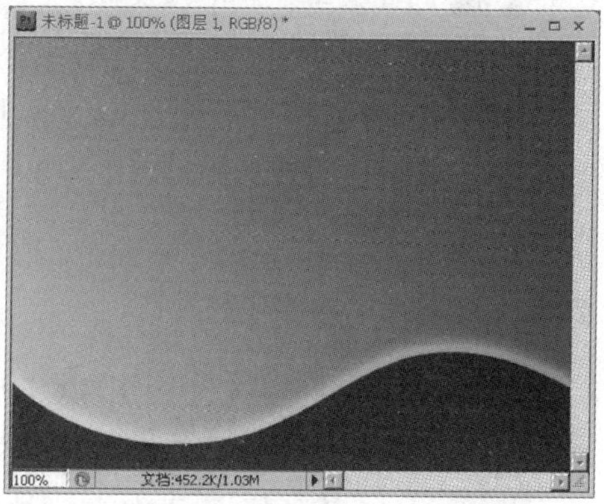

图 4-2-36 添加外发光效果

12 单击【图层】面板中 按钮，新建"图层2"。

13 单击工具栏中的 按钮，设置其属性栏的参数如图 4-2-37 所示。

图 4-2-37 自定义形状工具属性栏

14 按住 *Shift* 键，按下鼠标左键并拖曳，绘制如图 4-2-38 所示的蝴蝶路径。

15 单击【路径】面板底部的 （将路径作为选区载入）按钮，将路径转换成选区，效果如图 4-2-39 所示。

图 4-2-38 绘制蝴蝶路径

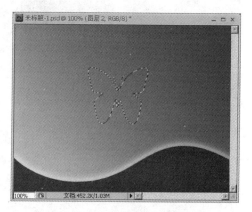

图 4-2-39 路径转换成选区

16 选择菜单栏中的【编辑】/【描边】命令，在弹出的【描边】对话框中设置如图 4-2-40 所示的参数，颜色：R 为 255；G 为 255；B

为 255。

17 单击 确定 按钮，为蝴蝶进行描边，按 *Ctrl* + *D* 取消选区，效果如图 4-2-41 所示。

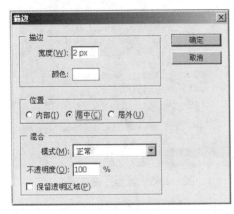

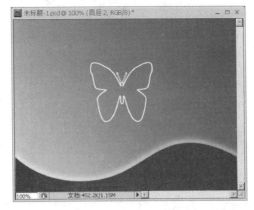

图 4-2-40　描边参数设置　　　　　　　图 4-2-41　描边路径

18 设置"图层 2"的【不透明度】为"50%"，如图 4-2-42 所示。

19 用与步骤 09 和步骤 10 相似的方法，为"图层 2"添加外发光效果，如图 4-2-43 所示。

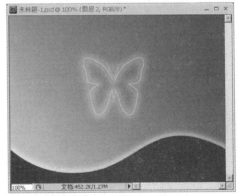

图 4-2-42　不透明度设置　　　　　　　图 4-2-43　添加外发光效果

20 按 *Ctrl* + *T* 组合键为"图层 2"图像添加变形框，并适当调整图像的大小、角度与位置，效果如图 4-2-44 所示。

21 按 *Ctrl* + *J* 组合键两次，复制出名为"图层 2 副本"、"图层 2 副本 2"的两个图层，用与步骤 20 相似的方法，调整图像的大小、角度与位置，效果如图 4-2-45 所示。

22 将前景色设置为淡黄色（R 为 250，G 为 255，B 为 200），单击【图层】面板中 按钮，新建"图层 3"。

23 单击工具栏中的 ✐ 按钮，然后单击其属性栏中的 ▤ 按钮，在弹出的【画笔预设】面板中设置如图 4-2-46 ~图 4-2-48 所示的参数。

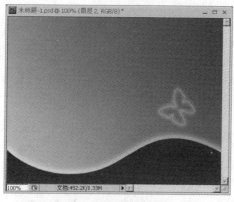

图 4-2-44　图像调整

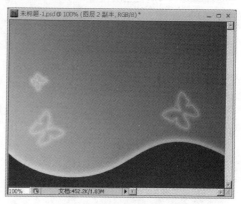

图 4-2-45　复制、调整图像

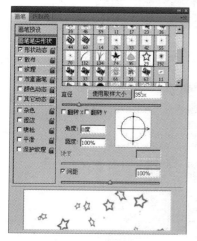

图 4-2-46　画笔笔尖形状

图 4-2-47　形状动态

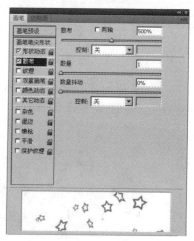

图 4-2-48　散布

24 参数设置完成后，使用画笔工具在画面上随意喷绘五星图形，最终效果如图 4-2-49 所示。

25 执行【文件】/【存储】命令，将图片以"背景设计.psd"为文件名保存。

　　本案例通过综合运用路径工具来设计背景图，显示了【路径】工具强大的可编辑性，熟练地掌握【路径】工具的使用，有助于读者创作出各种图形。

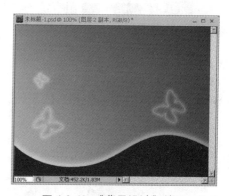

图 4-2-49　"背景设计"效果

——任务4.3　了解其他工具的应用——

■ 知识准备

1.【裁切】与【切片】工具

【裁切】工具就是将图像文件中的多余部分剪切掉，保留需要的部分。在工具栏中选择此工具后，将鼠标光标移动到图像上，按住鼠标左键并拖曳创建裁切框到所需位置，裁切框以外的区域将被裁切掉。在确认之前，可对裁切框进行旋转、缩放和透视等变形调整，也可以设置裁切范围内图像的大小及分辨率。

【切片】工具可以快速地进行网页的制作。它可以将一个完整的网页图片切割成许多小片，以便上传或下载。

2.【修饰】和【修复图像】、【吸管】、【标尺】工具

　【模糊】工具：是将涂抹的区域变得模糊。"模糊"地有时候是一种表现手法，将画面中其余部分作模糊处理，就可以突显主体。

　【锐化】工具：的作用和【模糊】工具正好相反，它是将画面中模糊的部分变得清晰。模糊的最大效果就是体现在色彩的边缘上，原本清晰分明的边缘在模糊处理后边缘被淡化，整体就感觉变模糊了。而【锐化】工具则反其道而行之，强化色彩的边缘。但过度使用会造成色斑等问题，因此在使用过程中应选择较小的强度并小心使用。另外，【锐化】工具在使用中不带有类似喷枪的可持续作用性，在一个地方停留并不会加大锐化程度。不过在一次绘制中反复经过同一区域则会加大锐化效果。不能将【模糊】工具和【锐化】工具当作互补工具来使用的原因，是由于模糊之后，像素已经重新分布，原本不同颜色之间互相融入后已形成新的颜色，若要再从中分离出原先的各种颜色已是不可能的了。

　【涂抹】工具：的效果就好像在一幅未干的油画上用手指划拉一样。

　【减淡】工具：作用是局部加亮图像。可选择为高光、中间调或阴影。

　【加深】工具：的效果与减淡工具相反，是将图像局部变暗，也可以选择针对高光、中间调或暗调区域。

　【海绵】工具：的作用是改变局部的色彩饱和度，可选择减少饱和度（去色）或增加饱和度（加色）。开启喷枪方式可在一处持续产生效果。

注意：【模糊】工具的操作类似于喷枪的可持续作用，也就是说鼠标在一个地方停留时间越久，这个地方被模糊的程度就越大。

注意：在实际操作中，如果一种操作的效果过于突出了，就应该撤销该操作，而不是用互为相反的操作去抵消，包括后面的【减淡】工具和【加深】工具也是如此。

注意：如果在灰度模式的图像（不是RGB模式中的灰度）中操作，将会产生增加或减少灰度对比度的效果。还有要注意的是，【海绵】工具不会造成像素的重新分布，因此其去色和加色方式可以作为互补来使用。过度去除色彩饱和度后，可以切换到加色方式增加色彩饱和度，但无法为已经完全为灰度的像素增加上色彩。

【吸管】工具：可以从图像中吸取某个像素点的颜色，或对拾取点周围多个像素的平均色进行取样，从而改变前景颜色。

【标尺】工具：可以对图像的某部分长度或角度进行测量。

■ 实践操作

拓展实训　　用【切片】工具制作网页

设计目的：掌握【切片】工具的使用方法。

操作要求：使用制作好的个人主页素材，应用【切片】工具对素材进行合适的切割，存储为 Web 格式，制作如图 4-3-1 所示的个人主页效果。

技能点拨：【切片】、Web 格式的存储。

图 4-3-1　个人主页效果

■ 创作步骤

01 选择菜单栏中的【文件】、【打开】命令，打开教学辅助光盘 \ 素材 \ 单元 4\4-3-2.jpg 文件，如图 4-3-2 所示。

02 单击工具栏中的 按钮，按下鼠标左键并由画面左上角往右下方向拖曳到如图 4-3-3 箭头所示的位置，创建第一切片。

图 4-3-2 打开的图片

图 4-3-3 创建第一切片

03 按下鼠标左键，并由画面左箭头位置拖曳到如图 4-3-4 所示的右箭头位置，创建第二切片。

04 在第二切片位置右击鼠标，在弹出的快捷菜单中选择【划分切片】选项，如图 4-3-5 所示。

图 4-3-4 创建第二切片

图 4-3-5 划分切片

05 在弹出的【划分切片】对话框中，设置如图 4-3-6 所示的参数，进一步创建切片。

06 用与步骤 02 ~ 05 相同的方法，将图像划分成 13 块切片，如图 4-3-7 所示。

07 选择菜单栏中的【文件】、【存储为 Web 设备所用格式】命令，在弹出的对话框中单击 [存储] 按钮。

08 在弹出的【将优化结果存储为】对话框中，选择保存路径，并按图 4-3-8 所示设置各选项。

09 单击 保存(S) 按钮，可得到如图 4-3-9 所示的主页文件"index.html"与所切割的图像存储文件夹"images"。

图 4-3-6 划分切片设置

图 4-3-7 最终划分效果

图 4-3-8 【将优化结果存储为】对话框

images   index.html

图 4-3-9 保存后所得文件

10 使用 IE 浏览器打开"Index.html"，可查看网页的最终效果，如图 4-3-10 所示。

案例小结

本案例通过制作个人主页，主要学习了【切片】工具的使用方法。使用切片工具可以快速分割图像，并存储为HTML格式，HTML格式的文件可以使用网页制作工具（如FrontPage、DreamWeaver等）进行编辑，对于设计网页十分方便。

图 4-3-10 个人主页效果

任务4.4　技能巩固与提高

提高训练　制作"故事书"效果

设计目的：熟悉矢量绘图的方法。

操作要求：利用如图 4-4-1 所示的素材，综合使用【路径】和【矢量图形】工具制作如图 4-4-2 所示的故事书。

技能点拨：路径和【矢量图形】工具、【变换】命令、图像的对齐与分布、【图层样式】制作阴影、【文字】工具。

图 4-4-1　素材

图 4-4-2　"故事书"效果

创作步骤

01 选择菜单栏中的【文件】／【新建】命令，在弹出的【新建】对话框中设置如图 4-4-3 所示的参数，单击 **确定** 按钮，创建一个新文件。

02 将前景色设为淡蓝色（R 为 200，G 为 235，B 为 250），背景色设为天蓝色（R 为 85，G 为 190，B 为 250）。

03 单击工具栏中的 ■ 按钮，在渐变属性栏选择【线性渐变】方式，其他参数默认。

04 按下鼠标左键，并由画面左上角往

图 4-4-3　创建新文件

右下角拖曳，制作渐变背景，效果如图 4-4-4 所示。

05 单击【图层】面板的 按钮，新建"图层 1"，如图 4-4-5 所示。

06 单击工具栏中的 按钮，激活属性栏中的 按钮，用钢笔工具绘制出如图 4-4-6 所示的路径。

07 单击工具栏中的 按钮，利用该工具调整路径，效果如图 4-4-7 所示。

图 4-4-4　填充渐变背景

图 4-4-5　新建"图层 1"

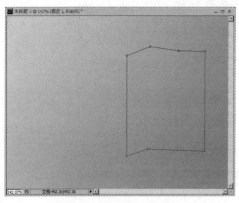

图 4-4-6　绘制路径

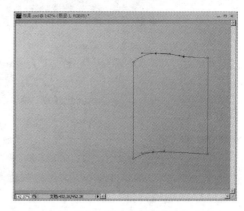

图 4-4-7　调整路径

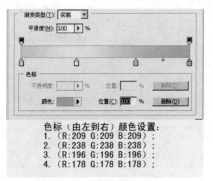

色标（由左到右）颜色设置：
1.（R:209 G:209 B:209）；
2.（R:238 G:238 B:238）；
3.（R:196 G:196 B:196）；
4.（R:178 G:178 B:178）；

图 4-4-8　渐变编辑器设置

08 单击工具栏中的 按钮，在属性栏选择【线性渐变】方式，其他参数为默认。然后单击 按钮，在弹出的【渐变编辑器】对话框中，设置如图 4-4-8 所示的渐变方式，再单击 确定 按钮。

09 单击【路径】面板底部的 （将路径作为选区载入）按钮，将路径转换成选区，如图 4-4-9 所示。

10 按住 *Shift* 键，按下鼠标左键，在选区内由左向右拖曳，填充路径，然后按 *Ctrl* + *D* 组合键取消选区，效果如图 4-4-10 所示。

11 单击【图层】面板,按 **Ctrl** + **J** 组合键,复制出一份名为"图层 1 副本"的图层,如图 4-4-11 所示。

12 选择菜单栏中的【编辑】/【变换】/【水平翻转】命令,然后水平移动图像,形成翻开的书本效果,如图 4-4-12 所示。

13 按住 **Ctrl** 键,单击"图层 1 副本"的缩览图,为"图层 1 副本"添加选区。

14 用与步骤 08 和步骤 10 相同的方法,对图像进行渐变填充,效果如图 4-4-13 所示。

15 在背景层上面新建"图层 2",如图 4-4-14 所示。

16 用与步骤 06 相同的方法,用钢笔工具绘制出如图 4-4-15 所示的路径。

17 用与步骤 08 ~ 10 相同的方法,将路径转换为选区后,对选区进行渐变填充,如图 4-4-16 所示。

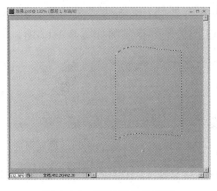

图 4-4-9　路径转换为选区

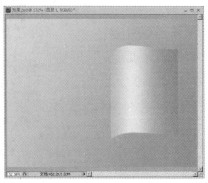

图 4-4-10　渐变填充

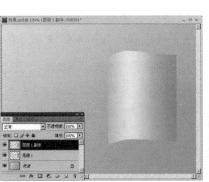

图 4-4-11　复制"图层 1 副本"

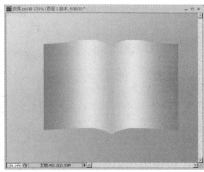

图 4-4-12　翻转、平移

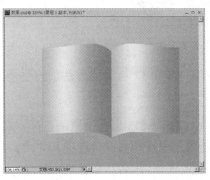

图 4-4-13　再次渐变填充

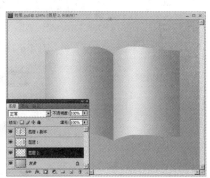

图 4-4-14　新建图层

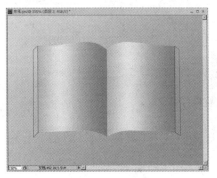

图 4-4-15　绘制路径

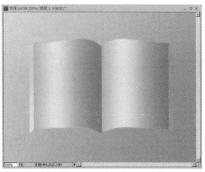

图 4-4-16　渐变填充

18 在背景层上面新建"图层3",用与步骤06相同的方法,用钢笔工具在图像底部绘制出如图4-4-17所示的路径。

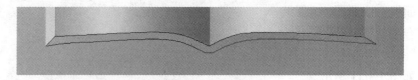

图4-4-17 绘制路径

19 用与步骤17相同的方法,将路径转换为选区后,对选区进行渐变填充,如图4-4-18所示。

20 在"图层1副本"上面新建"图层4",用与步骤06相同的方法,用钢笔工具绘制出如图4-4-19所示的路径。

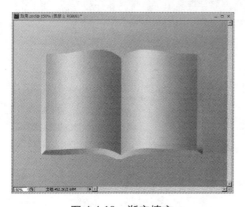
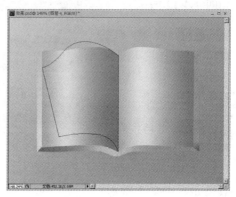

图4-4-18 渐变填充   图4-4-19 绘制路径

21 用与步骤17相同的方法,将路径转换为选区后,对选区进行渐变填充,如图4-4-20所示。

22 按 Ctrl + D 组合键取消选区,右击"图层4"缩览图,在弹出的快捷菜单中选择【混合选项】命令。

23 在弹出的【图层样式】对话框中设置如图4-4-21所示的参数。

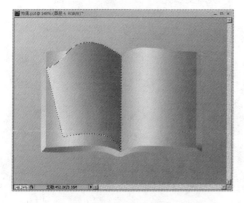
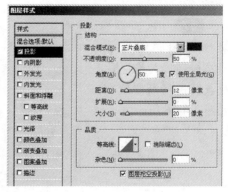

图4-4-20 渐变填充   图4-4-21 【图层样式】对话框

24 单击 确定 按钮，为"翻页"添加阴影效果，如图 4-4-22 所示。

25 鼠标右击"图层 4"缩览图下方的 ● 效果 图标，在弹出的快捷菜单中选择【创建图层】命令，在弹出的警告框上单击 确定 按钮，将投影层分离出来，如图 4-4-23 所示。

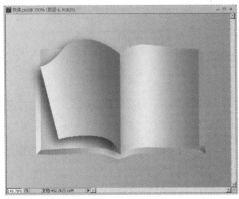

图 4-4-22　添加阴影效果　　　　图 4-4-23　【创建图层】

26 鼠标单击投影层，按 Ctrl + T 组合键为投影层添加变形框，如图 4-4-24 所示。

27 按住 Ctrl 键对投影层进行如图 4-4-25 所示的调整。

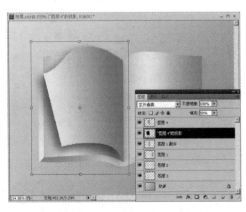

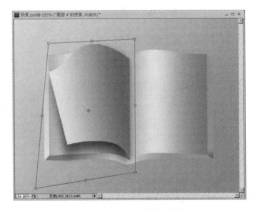

图 4-4-24　添加阴影效果　　　　图 4-4-25　调整投影层

28 在顶层新建"图层 5"，用钢笔工具在书本中缝画一条直线路径，如图 4-4-26 所示。

29 单击工具箱中的 按钮，然后单击其属性栏中的 按钮，在弹出的【画笔预设】面板中设置如图 4-4-27 所示的参数。

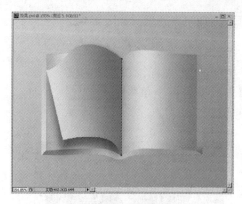

图 4-4-26 画直线路径

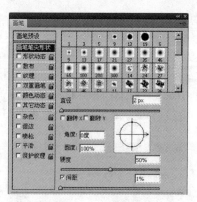

图 4-4-27 设置画笔参数

30 将前景色设置为深灰色(R 为 50,G 为 25,B 为 25),单击【路径】面板底部的 ○ (用画笔描边路径)按钮,效果如图 4-4-28 所示。

31 选中除背景外的所有图层,右击,在弹出的快捷菜单中选择【合并图层】命令,如图 4-4-29 所示。

32 合并图层后的图层面板如图 4-4-30 所示。

33 用与步骤 22 ~ 24 相似的方法,为书本添加投影效果,如图 4-4-31 所示。

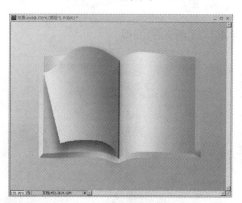

图 4-4-28 描边路径

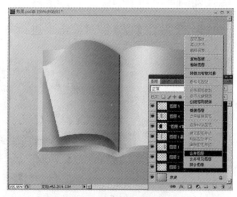

图 4-4-29 合并图层

图 4-4-30 合并图层后的图层面板

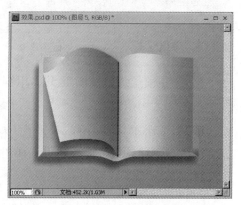

图 4-4-31 添加投影效果

34 用与步骤 06～07 相同的方法，绘制如图 4-4-32 所示的路径。

35 单击工具栏中的 T 按钮，移动光标至新建路径附近，当光标出现如图 4-4-33 所示的状态时，单击，新建一适合路径的文字图层。

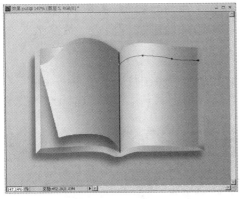

图 4-4-32　绘制路径

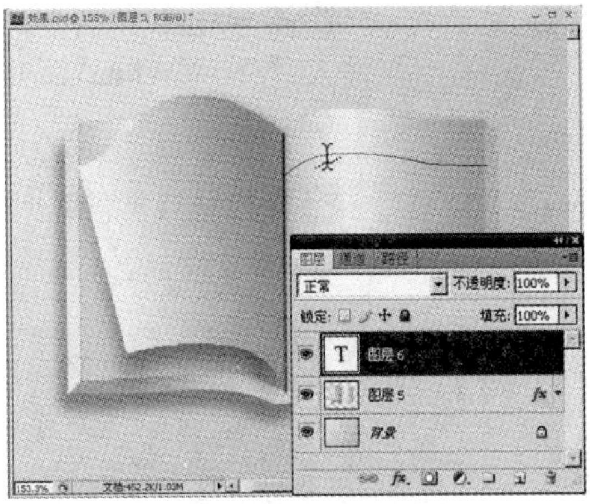

图 4-4-33　新建文字图层

36 设置文字属性栏参数，字体为 "Monotype Corsiva"，大小为 "11 点"，颜色为 "黑色"，其他参数为默认，输入文字，如图 4-4-34 所示。

37 用与步骤 34～36 相同的方法，为书本添加文字，如图 4-4-35 所示。

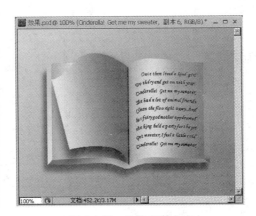

图 4-4-34　输入文字

图 4-4-35　输入完整文字

38 选择菜单栏中的【文件】／【打开】命令，打开教学辅助光盘＼素材＼单元 4\4-3-11.tif" 的图片，如图 4-4-36 所示。

39 选择菜单栏中的【图像】／【调整】／【去色】命令，对图像进行去色处理，效果如图 4-4-37 所示。

40 使用魔棒工具，选取图像白色区域部分，然后对所选取部分进行反选，选取卡通人物部分。将选取后的卡通人物移至已制作好的书本上，如图4-4-38所示。

41 选择菜单栏中的【编辑】/【变换】/【扭曲】命令，调整图像的形状，如图4-4-39所示。

42 单击工具箱中的 ![button] 按钮，用与步骤34～36相似的方法，并输入"Snow White"，并对书本的外轮廓进行描边，最终效果如图4-4-41所示。

图4-4-36 打开图片

43 执行【文件】/【存储】命令，将图片以"故事书.psd"为文件名保存。

图4-4-37 图像去色

图4-4-38 移取图像

图4-4-39 调整图像

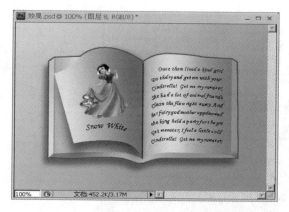

图4-4-40 "故事书"

图4-4-41 效果图

案例小结

在Photoshop中要创作精确的绘图，就离不开【路径】工具的应用。【路径】工具是Photoshop中尤为重要的工具之一，想成为一位优秀的图像设计师，熟练地使用【路径】工具是最基本的要求。

单元小结

　　本单元主要学习了【路径】、【矢量图形】、【裁切】、【切片】、【修饰】和【修复图像】、【吸管】、【标尺】等工具的应用，并对【路径】工具、【路径编辑】、路径面板、【形状】工具、【裁切】工具、【切片】工具进行了具体介绍。本单元还综合各工具的使用方法制作了路径抠图、路径描边、矢量图形、文字路径等具有代表性的作品。希望读者通过本单元的学习，能掌握【路径】、【矢量图形】、【裁切】等工具在实际应用中的使用技巧，以便制作出更加精美的作品。

习　　题

一、填空题

　　(1) 路径可以是＿＿＿＿＿＿＿＿，没有起点和终点；也可以是＿＿＿＿＿＿＿＿，带有明显的端点。闭合路径时，如果放置的位置正确，【钢笔】工具指针旁将出现一个小圆圈，单击或拖动可＿＿＿＿＿＿＿＿。若要保持路径开放，按住＿＿＿＿＿＿＿＿键并单击远离所有对象的任何位置。

　　(2) 使用【钢笔】工具时，可以运用三种不同的模式进行绘制。这三种模式分别是：＿＿＿＿＿＿＿＿、＿＿＿＿＿＿＿＿、＿＿＿＿＿＿＿＿。

　　(3)【路径】面板工具图标区包含的工具有：＿＿＿＿＿＿＿＿、＿＿＿＿＿＿＿＿、＿＿＿＿＿＿＿＿、＿＿＿＿＿＿＿＿、创建新路径、删除当前路径。

二、操作题

　　(1) 打开教学辅助光盘 \ 素材 \ 单元 4\ 4-6-1.jpg 文件，如习题图 1 所示，用本单元所学的【钢笔】、【转换点】工具制作如习题图 2 所示的效果。

　　(2) 用本单元所学的【钢笔】、【矢量图形】工具，制作出如习题图 3 所示的巧克力。

习题图 1　打开的图片

习题图 2　制作完成的效果图

习题图 3　"巧克力"效果

读书笔记

图像色彩的修饰

本单元学习目标

- 掌握色彩的概念、主要色彩模式类型、色彩调整工具。
- 会用图像色彩工具对图像色彩进行调整与修饰。

任务5.1　学习图像色彩基础

■ 知识准备

1. 色彩模式

在 Photoshop 中，"模式"的概念是很重要的，因为色彩模式决定显示和打印电子图像的色彩模型（简单地说，色彩模型是用于表现颜色的一种数学算法），即一幅电子图像用什么样的方式在计算机中显示或打印输出。

常见的色彩模式有以下 8 种，另外还包括多通道模式以及 8 位 /16 位模式。每种模式的图像描述和重现色彩的原理及所能显示的颜色数量是不同的。色彩模式除确定图像中能显示的颜色数之外，还影响图像的通道数和文件大小（有关通道概念详见单元 7）。

（1）HSB 模式

HSB 模式是基于人眼对色彩的观察来定义的，在此模式中，所有的颜色都用色相或色调、饱和度、亮度三个特性来描述。

1）色相（H）：与颜色主波长有关的颜色的物理和心理特性。非彩色（黑、白、灰色）不存在色相属性。所有色彩（红、橙、黄、绿、青、蓝、紫等）都是表示颜色外貌的属性，它们就是所有的色相，有时色相也称为色调。

2）饱和度（S）：指颜色的强度或纯度，表示色相中灰色成分所占的比例，用 0 ~ 100%（纯色）来表示。

3）亮度（B）：是颜色的相对明暗程度，通常用 0（黑）~ 100%（白）来度量。

（2）RGB 模式

RGB 模式是基于自然界中三种基色光的混合原理，将红（R）、绿（G）和蓝（B）三种基色按照从 0（黑）~ 255（白色）的亮度值在每个色阶中分配，从而指定其色彩。当不同亮度的基色混合后，便会产生出 256×256×256 种颜色，约为 1670 万种。例如，一种明亮的红色可能的 R 值为 246，G 值为 20，B 值为 50。当三种基色的亮度值相等时，产生灰色；当三种亮度值都是 255 时，产生纯白色；而当所有亮度值都是 0 时，产生纯黑色。三种色光混合生成的颜色一般比原来的颜色亮度值高，所以 RGB 模式产生颜色的方法又被称为色光加色法。

（3）CMYK 模式

CMYK 颜色模式是一种印刷模式。这 4 个字母分别指青

（Cyan）、洋红（Magenta）、黄（Yellow）、黑（Black），在印刷中代表四种颜色的油墨。CMYK 模式在本质上与 RGB 模式没有什么区别，只是产生色彩的原理不同。在 RGB 模式中由光源发出的色光混合生成颜色，而在 CMYK 模式中由光线照到有不同比例 C、M、Y、K 油墨的纸上，部分光谱被吸收后，反射到人眼的光产生颜色。由于 C、M、Y、K 在混合成色时，随着 C、M、Y、K 4 种成分的增多，反射到人眼的光会越来越少，光线的亮度会越来越低，所以 CMYK 模式产生颜色的方法又被称为色光减色法。

（4）Lab 模式

Lab 模式是以一个亮度分量 L 及两个颜色分量 a 和 b 来表示颜色的。其中 L 的取值范围是 0～100，a 分量代表由绿色到红色的光谱变化，而 b 分量代表由蓝色到黄色的光谱变化，a 和 b 的取值范围均为 –120～120。

Lab 模式所包含的颜色范围最广，能够包含所有的 RGB 和 CMYK 模式中的颜色。CMYK 模式所包含的颜色最少，有些在屏幕上的颜色在印刷品上却无法实现。

（5）位图（Bitmap）模式

位图模式用两种颜色（黑和白）来表示图像中的像素。位图模式的图像也叫做黑白图像。因为其深度为 1，也称为一位图像。由于位图模式只用黑白色来表示图像的像素，在将图像转换为位图模式时会丢失大量细节，因此 Photoshop 提供了几种算法来模拟图像中丢失的细节。在宽度、高度和分辨率相同的情况下，位图模式的图像尺寸最小，约为灰度模式的 1/7 和在 RGB 模式的 1/22 以下。

（6）灰度（Grayscale）模式

灰度模式可以使用多达 256 级灰度来表现图像，使图像的过渡更平滑细腻。灰度图像的每个像素有一个 0（黑色）～255（白色）之间的亮度值。灰度值也可以用黑色油墨覆盖的百分比来表示（0 等于白色，100% 等于黑色）。

（7）双色调（Duotone）模式

双色调模式采用二～四种彩色油墨来创建，由双色调（两种颜色）、三色调（三种颜色）和四色调（四种颜色）混合其色阶来组成图像。在将灰度图像转换为双色调模式的过程中，可以对色调进行编辑，产生特殊的效果。而使用双色调模式最主要的用途是使用尽量少的颜色表现尽量多的颜色层次，这对于减少印刷成本是很重要的，因为在印刷时，每增加一种色调都需要更大的成本。

（8）索引颜色（IndexedColor）模式

索引颜色模式是网上和动画中常用的图像模式，当彩色图像转换为索引颜色的图像后将包含近 256 种颜色。索引颜色图像包含一个颜色表。如果原图像中颜色不能用 256 色表现，则 Photoshop 会从可使用的颜色中选出最相近颜色来模拟这些颜色，这样可以减小图像文件的尺寸。颜色表用来存放图像中的颜色并为这些颜色建立颜色索引，可在转换的过程中定义或在声明索引图像后修改。

2. 常用色彩调整工具

1)【色彩平衡】对话框：是一个功能较少但操作直观方便的色彩调整工具。执行【图像】/【调整】/【色彩平衡】命令或按 `Ctrl` + `B` 组合键，可进入【色彩平衡】对话框，如图 5-1-1 所示。

在【色调平衡】选项中将图像笼统地分为【阴影】、【中间调】和【高光】三个色调，每个色调可以进行独立的色彩调整。从三个【色彩平衡】滑动条中，我们可以看到几组反转色：红色对青色，绿色对洋红，蓝色对黄色。属于反转色的两种颜色不可能同时增加或减少。

2)【色相/饱和度】对话框：前边介绍了色相与饱和度的概念。执行【图像】/【调整】/【色相/饱和度】命令或按 `Ctrl` + `U` 组合键可进入【色相/饱和度】对话框，如图 5-1-2 所示。

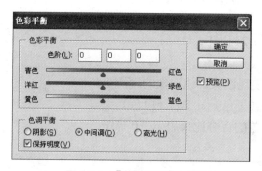

图 5-1-1 【色彩平衡】对话框

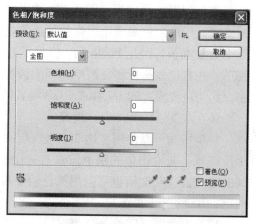

图 5-1-2 【色相/饱和度】对话框

拉动滑块可以改变色相、饱和度和明度。调整色相会调出不同的颜色，饱和度是控制图像色彩的浓淡程度，明度就是亮度、明暗度。

3)【去色】对话框：去除图像中的色相。图像去色后，呈黑白色显示。执行【图像】/【调整】/【去色】命令或按 `Shift` + `Ctrl` + `U` 组合键，可执行去色操作。

4)【变化】对话框：执行【图像】/【调整】/【变化】命令可进入【变化】对话框，如图 5-1-3 所示。

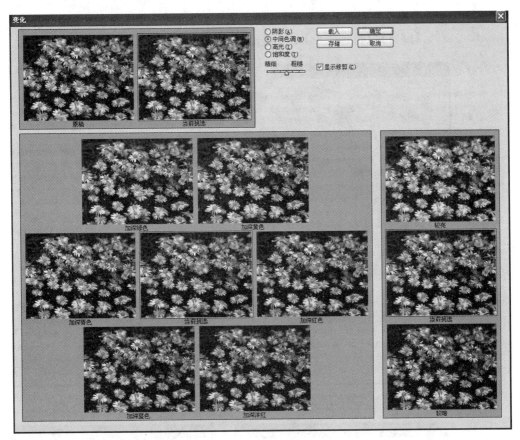

图 5-1-3 【变化】对话框

其功能类似于色彩平衡。

5)【亮度 / 对比度】对话框：执行【图像】/【调整】/【亮度 / 对比度】命令可进入【亮度 / 对比度】对话框，如图 5-1-4 所示。

6)【替换颜色】对话框：可将某一容差范围内的某种颜色替换为另一种颜色。执行【图像】/【调整】/【替换颜色】命令可进入【替换颜色】对话框，如图 5-1-5 所示。

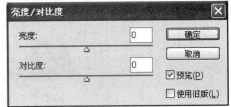

图 5-1-4 【亮度 / 对比度】对话框

7)【曲线】对话框：调整图片不同通道中的颜色明暗度。执行【图像】/【调整】/【曲线】命令或使用组合键 *Ctrl* + *M* 可进入【曲线】对话框，如图 5-1-6 所示。

8)【色阶】对话框：是表示图像亮度强弱的指数标准，也就是色彩指数，在数字图像处理教程中，指的是灰度分辨率（又称为灰度级分辨率或者幅度分辨率）。图像的色彩丰满度和精细度是由色阶决定的。色阶指亮度，和颜色无关，但最亮的只有白色，最不亮的只有黑色。执行【图像】/【调整】/【色阶】命令或使用组合键 *Ctrl* + *L* 可进入【色阶】对话框，如图 5-1-7 所示。

9)【可选颜色】对话框：可以调整各颜色中的成分。执行【图像】/【调整】/【可选颜色】命令可进入【可选颜色】对话框，如图 5-1-8 所示。

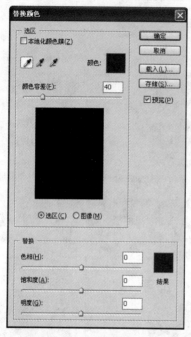

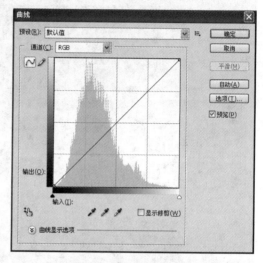

图 5-1-5 【替换颜色】对话框

图 5-1-6 【曲线】对话框

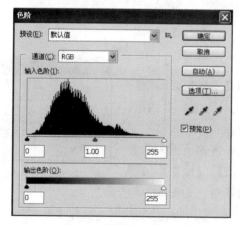

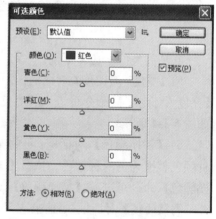

图 5-1-7 【色阶】对话框

图 5-1-8 【可选颜色】对话框

■ **实践操作**

基础实训1 制作"鲜亮花儿"效果 ——————————

设计目的：学习使用【亮度/对比度】、【色彩平衡】和【替换颜色】命令。

操作要求：打开如图5-1-9所示的素材图片，调整图像亮度和对比度，使整个图像的亮度均衡，能看到绿色的叶茎，并调整花的颜色为紫红色，效果如图5-1-10所示。

技能点拨：【亮度/对比度】、【色彩平衡】、【替换颜色】。

图5-1-9 素材　　　　图5-1-10 效果图

■ **创作步骤** ——————————

01 打开教学光盘\素材\单元5\花儿朵朵开.psd文件，执行【图像】/【调整】/【亮度/对比度】命令，设置对话框如图5-1-11所示。调整后效果如图5-1-12所示。

02 执行【图像】/【调整】/【色彩平衡】命令，设置对话框如图5-1-13所示。调整后效果如图5-1-14所示。

03 选择【磁性套索工具】，沿花朵的边缘选取要变换颜色的红色花朵。执行【图像】/【调整】/【替换颜色】命令，设置【替换颜色】对话框如图5-1-15所示。按 *Ctrl* + *D* 组合键取消选区。最后的效果如图5-1-16所示。

04 执行【文件】/【存储为】命令，将图片以"鲜亮花儿.psd"为文件名进行保存。

图5-1-11 【亮度/对比度】对话框

图5-1-12 亮度/对比度调整后效果

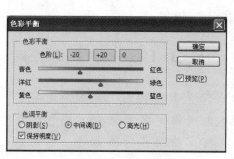

图 5-1-13 【色彩平衡】对话框   图 5-1-14 色彩平衡调整后效果

案例小结

制作"鲜亮花儿"实例主要通过调整图像整体的亮度和对比度，并通过【色彩平衡】加强整体的绿色，以及局部花朵应用【替换颜色】命令更换颜色来完成。

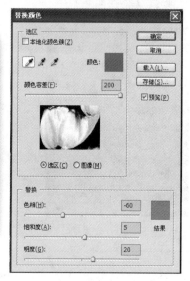

图 5-1-15 【替换颜色】对话框   图 5-1-16 最后效果图

基础实训 2 制作"三色"效果

图 5-1-17 素材

设计目的： 学会使用【去色】、【色相/饱和度】、【变化】命令对图片进行色彩调整。

操作要求： 将图 5-1-17 所示的素材图片分成三部分调整，一部分呈"灰度"，一部分变化"色彩"，一部分"色相"不变但饱和度提高，效果如图 5-1-18 所示。

技能点拨：【去色】、【色相/饱和度】、【变化】。

■ 创作步骤

01 打开教学光盘\素材\单元5\粉色花朵.psd 文件,选中【套索】工具,设置【羽化】值为"10"。选中左上角的花朵区域,执行【图像】/【调整】/【去色】命令,执行命令后效果如图 5-1-19 所示。

02 按 *Ctrl* + *D* 组合键取消选区,用【套索】工具选择右侧的花朵区域,执行【图像】/【调整】/【色相/饱和度】命令,设置【饱和度】为"50",对话框如图 5-1-20 所示,调整效果如图 5-1-21 所示。

03 按 *Ctrl* + *D* 组合键取消选区,用【套索工具】选择下端的花朵区域,执行【图像】/【调整】/【变化】命令,在如图 5-1-22 所示的对话框中,先单击【原稿】恢复初始,然后分别单击两次【加深绿色】、【加深青色】和【加深蓝色】。

图 5-1-18 "三色"效果图

图 5-1-19 去色后效果图

图 5-1-20 【色相/饱和度】对话框

图 5-1-21 色相/饱和度调整效果

04 按 *Ctrl* + *D* 组合键取消选区,最后得到的三色效果图如图 5-1-23 所示。

05 执行【文件】/【存储为】命令,将图片以"三色花儿.psd"文件名进行保存。

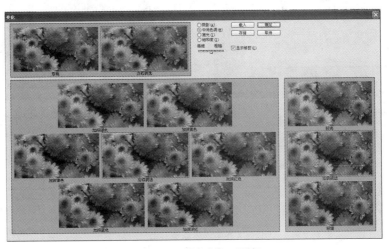

图 5-1-22 【变化】对话框

107

图 5-1-23 三色效果图

案例小结

制作"三色"效果图实例主要运用【去色】、【色相饱和度】、【变化】等命令，实现花朵色彩的改变。

基础实训 3　制作"怀旧壁画"效果

图 5-1-24　风景画

设计目的: 掌握【去色】、【色彩平衡】、【色相/饱和度】等命令的综合使用。

操作要求: 将如图 5-1-24 所示的"风景画"素材进行颜色处理，制作一幅老照片效果，并将老照片放入如图 5-1-25 所示的画框中，效果如图 5-1-26 所示。

技能点拨:【去色】、【色彩平衡】、【色相/饱和度】、【添加杂色】、【纹理化滤镜】。

图 5-1-25　画框

图 5-1-26　效果图

创作步骤

01 打开教学光盘\素材\单元 5\风景画 .psd 文件，执行【图像】/【调整】/【去色】命令，效果如图 5-1-27 所示。

02 执行【图像】/【调整】/【色彩平衡】命令，设置对话框，如图 5-1-28 所示。调整效果后如图 5-1-29 所示。

03 执行【滤镜】/【杂色】/【添加杂色】命令，设置对话框如图 5-1-30 所示。添加杂色后效果如图 5-1-31 所示。

图 5-1-27 去色后效果图

（a）

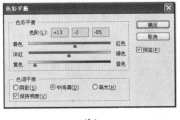

（b）

（c）

图 5-1-28 【色彩平衡】对话框

图 5-1-29 色彩平衡调整效果图

图 5-1-30 【添加杂色】对话框

04 执行【滤镜】/【纹理】/【纹理化】命令，设置对话框如图 5-1-32 所示。所得效果如图 5-1-33 所示。

05 执行【选择】/【全选】命令，选中整个画布，执行【编辑】/【拷贝】命令将图像进行复制。

图 5-1-31 添加杂色后效果

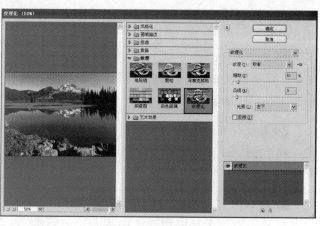

图 5-1-32【纹理化】对话框

图 5-1-33 纹理化效果

06 打开教学光盘\素材\单元\画框.jpg 文件，用【魔棒】工具单击画框中间的白色部分后选中该区域，执行【编辑】/【贴入】命令，将风景画放入画框中。

07 执行【编辑】/【自由变换】命令，将"风景画"的大小和位置进行调整，最后效果如图 5-1-34 所示。

08 执行【文件】/【存储为】命令，将图片以"怀旧壁画.psd"为文件名进行保存。

案例小结

制作"怀旧壁画"实例主要运用【去色】和【色彩平衡】调整图像呈怀旧色彩，再通过运用【添加杂色】和【纹理化】两项滤镜，加强怀旧感，最后将图像合成到相框中。

图 5-1-34 "怀旧壁画"效果图

拓展实训 **制作"人物皮肤的修复"效果**

设计目的：掌握【曲线】、【亮度/对比度】、【蒙版】等命令的综合运用。

操作要求：修复如图 5-1-35 所示的人物相片，修复效果如图 5-1-36 所示。

技能点拨：使用【曲线】、【亮度/对比度】、【通道混合器】，结合【混合模式】和【蒙版】对图像进行修复。

图 5-1-35　修复前图片

图 5-1-36　修复后效果图

创作步骤

01 打开教学光盘\素材\单元 5\少数民族姑娘 .jpg 文件，仔细观察人物皮肤，发现人物脸部皮肤粗糙且存在色斑。单击【通道】面板，分别单击"红"、"绿"、"蓝"三个通道并观察脸部变化，发现在显示"蓝"通道时人物脸部的色斑比较突出，如图 5-1-37 所示。选中"蓝"通道并拖动到右下角的 【创建新通道】的图标上，实现对"蓝"通道复制（也可以选中"蓝"通道后使用组合键 *Ctrl* + *J* 复制"蓝"通道），如图 5-1-38 所示。

02 执行【滤镜】/【其他】/【高反差保留】命令，在弹出的对话框中设置【半径】为"10"像素，如图 5-1-39 所示。

03 选中"蓝副本"通道，执行【图像】/【计算】命令，设置【混合】选项为"叠加"，参数详细设置如图 5-1-40 所示。单击【确定】按钮后自动新建一个"Alpha1 通道"。

图 5-1-37　"蓝"通道色斑比较突出

图 5-1-38　创建"蓝副本"通道

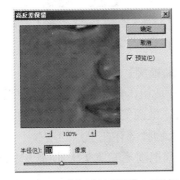

图 5-1-39　【高反差保留】对话框

图 5-1-40　【计算】对话框

04 选中刚刚生成的"Alpha1"通道，执行【图像】/【计算】命令，设置【混合】选项为"叠加"，如图 5-1-41 所示。单击【确定】按钮后把生成的"Alpha2"用同样的方法计算一次得到"Alpha3"，如图 5-1-42 所示。

图 5-1-41 对"Alpha1"进行计算

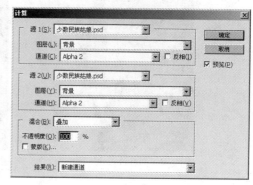

图 5-1-42 对"Alpha2"进行计算

图 5-1-43 图层结构

05 通过以上处理，发现"Alpha3"通道上的人物脸部深色色块更加明显了。按下 *Ctrl* 键，单击"Alpha3"的缩略图把通道作为选区载入（也可以通过单击右下角的 ○ 按钮），当前选区选中的是"Alpha3"通道中高光部分，使用快捷键 *Ctrl* + *Shift* + *I* 反选选区。

06 保持选区，单击"Alpha3"通道前的 眼睛 使"Alpha3"不可见，单击复合通道使复合通道可见。切换至【图层】面板，单击图层面板右下角的 ◑ 按钮，从弹出的菜单中选择【曲线】，这时会自动创建一个曲线的调整层，以刚刚建立的选区作为调整层的蒙版，图层结构如图 5-1-43 所示。在弹出的曲线【调整】对话框中选择"RGB 通道"，把曲线稍微向上拉，从而提亮人物暗部区域，如图 5-1-44 所示。

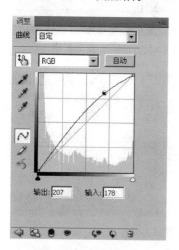

图 5-1-44 曲线调整

07 单击图层面板右下角的 ◑ 按钮，在弹出的菜单中选择【亮度/对比度】，设置【亮度】为"–21"。这时人物皮肤的色斑已经减少了很多了。使用组合键 *Ctrl* + *Shift* + *Alt* + *E*，盖印一个图层，对盖印得到的新图层执行【滤镜】/【模糊】/【高斯模糊】命令，将模糊半径设置为"5px"，单击【确定】按钮。

图 5-1-45 涂抹后的图层关系

08 选中刚执行了【高斯模糊】命令的"图层1"，按 *Alt* 键，单击【图层】面板下方的 ▣ 按钮，创建一个黑色的蒙版。选中该【蒙版】，设置前景色为白色，把画笔的笔头【硬度】调为"0%"，【流量】设置为"30%"，在人物脸部存在斑点的皮肤上涂抹。在涂抹到脸部边缘的时候，要注意把画笔的笔头大小缩小，硬度调高。涂抹后的图层关系如图 5-1-45 所示，效果如图 5-1-46 所示。

09 仔细观察涂抹后的效果图，发现人物脸部右边部分区域偏蓝色出现失真。单击图层面板右下角的 ⬛ 按钮新建一个图层，设置前景色为"#88ceff"，按 `Alt` + `Delete` 组合键填充新建的图层，单击图层面板的下拉列表，把图层的混合模式改为"饱和度"。选中该图层，按 `Alt` 键并单击 ⬛ 按钮创建一个黑色的蒙版。设置前景色为白色，选中【画笔】工具，把画笔的笔头【硬度】调为"0%"，【流量】设置为"50%"，在人物脸部偏蓝色的地方适当涂抹，把偏蓝色区域涂抹干净即可。

10 使用组合键 `Ctrl` + `Shift` + `Alt` + `E`，盖印一个图层得到"图层 3"。仔细观察"图层 3"人物的眼睛，发现眼睛下有块绿色的斑点。使用【图章】工具把绿色的斑点去掉，如图 5-1-47 所示。

11 继续观察人物头部，发现额头与头发接触处偏绿色。再次使用【曲线】工具，对偏色进行处理。使用【套索】工具创建额头与头发接触区域的选区，然后按 `Ctrl` + `Shift` + `F6` 组合键执行【羽化】命令，设置羽化半径为"8 像素"。单击图层面板下方的 ⬛ 按钮，在弹出的对话框中选择【曲线】，分别调节各通道的曲线，如图 5-1-48 所示。

图 5-1-46　涂抹后的效果

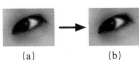

(a)　　　　(b)

图 5-1-47　使用【图章】工具处理

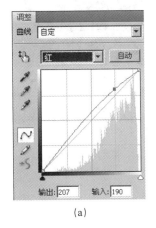

(a)

(b)

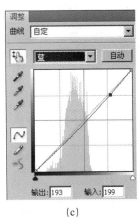

(c)

图 5-1-48　各通道调节后的参数

12 至此，人物已经基本修复完成。单击【图层】面板下方的 ⬛ 按钮，在弹出的对话框中选择【通道混合器】，调节各通道参数如图 5-1-49 所示。

13 按 `Ctrl` + `Shift` + `Alt` + `E` 组合键，盖印得到"图层 4"。对"图层 4"执行【滤镜】/【其他】/【高反差保留】命令，设置【半径】为"4.0 像素"，如图 5-1-50 所示。最后把"图层 4"的混合模式改为【柔光】，至此人物皮肤修复完成，最终效果如图 5-1-51 所示。

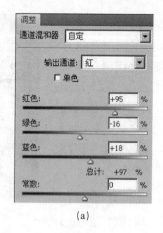  

(a)　　　　　　　　　(b)　　　　　　　　(c)

图 5-1-49　通道混合器调整参数

案例小结

　　本例中，利用【计算】工具反复计算得到的图像中高光部分，然后反选得到人物脸部阴暗区域，使用曲线调亮阴暗区域。利用【高斯模糊】工具和【蒙版】工具对人物脸部进行磨皮，使脸部更加光滑，在调整色彩后，还对脸部进行了细化处理。

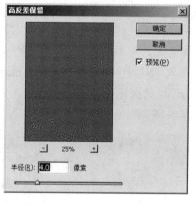

图 5-1-50　执行高反差保留　　　　图 5-1-51 最后效果图

　　14 执行【文件】/【存储为】命令，将图片以"少数民族姑娘 .psd"为文件名进行保存。

任务5.2　技能巩固与提高

提高训练　　制作"老照片翻新并上色"效果

　　设计目的：掌握【曲线】、【模式】、【色相/饱和度】、【色彩平衡】等命令的综合运用。

　　操作要求：修复如图 5-2-1 所示的老照片上的破损处，完成后将老照片上色，最后效果如图 5-2-2 所示。

　　技能点拨：【色彩平衡】、【亮度/对比度】、【色相/饱和度】。

图 5-2-1 "老照片"素材

图 5-2-2 上色后的效果

创作步骤

01 打开教学光盘\素材\单元 5\老照片 .jpg 文件。观察图像，老照片已经出现很多斑点。下面使用【仿制图章】工具把人物皮肤、衣服、头发上面的污垢去掉，背景暂不修复。复制一个"背景"层，命名为"人物"。选中"人物"图层，选择【仿制图章】工具，按着 *Alt* 键，把光标移到污点附近没有受损的区域单击，再松开鼠标在污点上涂抹，在涂抹的过程中注意适当调整笔头的大小。这里把笔头的【流量】设置为"36%"，如图 5-2-3 所示。涂抹后的效果如图 5-2-4 所示。

02 选择【钢笔】工具，绘制出人物的路径。在选择【钢笔】工具的状态下右击，在弹出的快捷菜单中选择【建立选区】，【羽化半径】设置为"1px"，单击【确定】按钮后执行【选择】/【方向】命令，反选选区，也可以按 *Ctrl* + *Shift* + *I* 组合键。切换至【图层】面板，按 *Delete* 键删除人物背景，按 *Ctrl* + *D* 组合键取消选区。

03 下面对人物的细微部分进行修饰，这是上色前的重要一步。选中工具栏中的【模糊】工具，【强度】设置为"20%"，在人物脸部皮肤进行涂抹，以去除皮肤表面的污点，在涂抹到人物的边缘时要适当减少笔头的大小。人物的头发也需进行适当的涂抹。涂抹完成后，人物的部分细节丢失了，这时，使用【加深】工具、【减淡】工具、【涂抹】工具对人物的阴暗明亮部分进行涂抹，以增强脸部皮肤的对比度和真实感。对于眼睛等部分可以先创建对应的选区后涂抹，如图 5-2-5 所示。继续对人物的嘴巴轮廓适当进行加深和涂抹，完成后如图 5-2-6 所示。

图 5-2-3 用【仿制图章】工具去除污点

图 5-2-4 去除污点后的人物

图 5-2-5 选区辅助涂抹眼睛

图 5-2-6 嘴巴

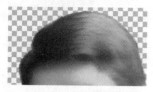

图 5-2-7 给人物"生发"

图 5-2-8 总体效果

图 5-2-9 修复衣服

04 人物的头发经过模糊工具涂抹后会失去纹理。选中工具栏中的【涂抹】工具，把笔头的【硬度】设置为"20%"，【大小】设置为"5px"。在人物暗部头发区域向亮区域涂抹，在涂抹过程中要注意适当调整笔头的硬度和涂抹的方向，使得涂抹出来的头发纹理清晰自然，如图 5-2-7 所示。

05 人物的耳朵使用【涂抹】工具和【加深】工具、【减淡】工具仔细涂抹，最终得到如图 5-2-8 所示的效果。

06 在衣领与衣服的重叠处通过使用【加深】工具涂抹加入阴影，再把【加深】工具笔头适当调小，绘制衣领上的缝纫线。把前景色置为 R 为 233，G 为 232，B 为 234 的灰白色，使用【画笔】工具对白色衣领进行涂抹，如图 5-2-9 所示。整体效果如图 5-2-10 所示。

07 接下来，在"人物"图层下方新建一个图层，命名为"背景色"。把前景色置为 R 为 90，G 为 90，B 为 90。背景色置为 R 为 232，G 为 232，B 为 323，在刚创建的图层上创建由左下角到右上角的前、背景色渐变。单击图层面板右下角的 按钮，在弹出的菜单中选择【色彩平衡】命令，设置如图 5-2-11 所示的参数，效果如图 5-2-12 所示。

图 5-2-10 总体效果

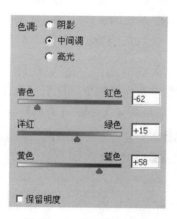

图 5-2-11 设置色彩参数

图 5-2-12 总体效果

图 5-2-13 绘制外套的轮廓

08 单击图层面板右下角的 按钮，在弹出的菜单中选择【亮度/对比度】命令，把【亮度】设置为"–27"，【对比度】设置为"6"。再次单击 按钮，在弹出的菜单中选择【色相/饱和度】命令，在弹出的对话框中勾选【着色选项】，【色相】设置为"226"，【饱和度】设置为"35"，【明度】设置为"0"。双击图层名字，把图层名字重命名为"外套"。选中本调整层的"蒙版"，把"蒙版"填充为黑色，把前景色设置为白色，用画笔涂抹出外套的轮廓，如图 5-2-13 所示。

09 单击图层面板右下角的 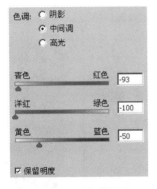按钮，在弹出的菜单中选择【色彩平衡】命令，参数设置如图 5-2-14 所示。选中本调整层的"蒙版"，填充黑色，把前景色设置为白色，用画笔涂抹出外套里面衣服的衣领部分，如图 5-2-15 所示。

10 重复第 08 步和第 09 步的方法，分别给人物的领带、眼睛、皮肤、头发上色，效果如图 5-2-16、图 5-2-17、图 5-2-18 和图 5-2-19 所示。

图 5-2-14 参数设置　　图 5-2-15 上色后效果图

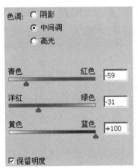

图 5-2-16 领带上色处理

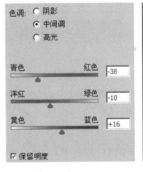

图 5-2-17 眼睛上色处理

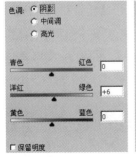
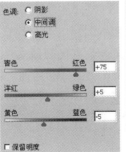
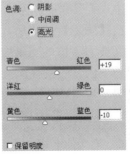

图 5-2-18 皮肤上色处理

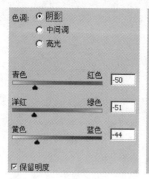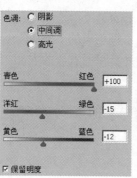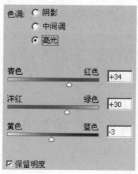

图 5-2-19　头发上色处理

图 5-2-20　【填充】对话框

图 5-2-21　上色后最后效果图

11 由于在着色前对人物皮肤进行了光滑处理，所以皮肤复杂的纹理消失了，下面给皮肤添加细化纹理。新建一个图层，命名为"纹理"，执行【编辑】/【填充】命令，在内容选项的下拉列表框里选择"50% 灰色"，单击【确定】按钮，如图 5-2-20 所示。选中本图层，执行【滤镜】/【杂色】/【添加杂色】命令。在弹出的【杂色添加】对话框中设置【数量】为"10%"，【分布形式】为"平均分布"，勾选"单色"。再执行【滤镜】/【风格化】/【浮雕效果】命令，在弹出的对话框中设置【角度】为"135 度"，【高度】为"1px"，【数量】为"100%"。单击【确定】按钮后，把本图层的混合模式修改为【叠加】。单击图层面板右下方的 ◻ 按钮，为本图层添加一个"蒙版"，把前景色设置为黑色，在蒙版上把除人物脸部的其他区域涂黑，设置该图层的不透明度为"15%"，最终效果如图 5-2-21 所示。

12 执行【文件】/【存储为】命令，将图片以"老照片翻新.psd"为文件名进行保存。

单元小结

本单元主要介绍了图像色彩的知识以及色彩调整的方法。图像色彩调整的方法主要包括以下两种。

(1)执行【图像】/【调整】菜单下的命令:包括【亮度/对比度】、【色阶】、【曲线】、【色相/饱和度】、【色彩平衡】、【可选颜色】、【变化】、【去色】、【替换颜色】等。这些命令对原图像都会有一定程度的破坏,带有一定的不可恢复性和不可调节性。

(2)建立调整图层:执行【图层】/【新建调整图层】菜单下的命令或选择【图层】面板上的【创建新的填充】或【调整图层】按钮后选择不同的命令项,包括【亮度/对比度】、【色阶】、【曲线】、【色相/饱和度】、【色彩平衡】、【可选颜色】等。这种方法不破坏原图像,在色彩的调整上具有可恢复性和灵活性。

习 题

一、理论题

(1)HSB模式是基于人眼对色彩的观察来定义的,在此模式中,所有的颜色都用_____、_____、_____三个特性来描述。

(2)CMYK颜色模式是一种印刷模式。其中四个字母分别指_____、_____、_____、_____四种颜色。

(3)在色彩平衡对话框中,有三组反转色可以进行调整,分别是_____和_____、_____和_____、_____和_____。

(4)在位图模式中,用_____和_____两种颜色来表示图像中的像素。

(5)在RGB模式中,三种基本色分别是_____、_____和_____。

二、实训题

实训题一:制作"修复斑点相片"效果

操作要求:修正如习题图1所示的素材中带红色斑点的图片,修复效果如习题图2所示。

技能点拨:【色彩平衡】、【色相/饱和度】。

习题图1 "带斑点的图片"素材

习题图2 修复后效果图

实训题二: 制作"春意盎然的风景图"效果

操作要求: 将如习题图3所示的"风景画", 通过颜色调整得到如习题图4所示的"春天景象"效果图。

技能点拨:【曲线】。

习题图3 "风景画"素材

习题图4 "春天景象"效果图

实训题三:"晶体特效字"制作

操作要求:利用【色阶】命令和【文字】工具, 制作出如习题图5所示的"晶体特效字"效果。

技能点拨:【色阶】、【色相/饱和度】、【云彩滤镜】、【文字】工具。

习题图5 "晶体特效字"效果

单元 6

图层的应用

本单元学习目标

- 掌握图层的混合模式及应用。
- 会用图层样式制作特效。

任务6.1　学习图层的混合模式

正常 溶解	基础混合模式
变暗 正片叠底 颜色加深 线性加深 深色	变暗混合模式
变亮 滤色 颜色减淡 线性减淡（添加） 浅色	变亮混合模式
叠加 柔光 强光 亮光 线性光 点光 实色混合	融合混合模式
差值 排除	色异混合模式
色相 饱和度 颜色 明度	蒙色混合模式

图 6-1-1　图层的各种模式

■ 知识准备

　　图层混合模式决定当前图层的像素以哪种方式与下面图层的像素混合。Photoshop CS4 中共有 25 种混合模式，根据各混合模式的基本功能，可以归纳为六个大类，如图 6-1-1 所示。

■ 实践操作

基础实训　制作万绿湖中现"惊鸿"效果

设计目的：通过万绿湖中现"惊鸿"效果的制作，掌握简单图层混合模式的应用。

操作要求：应用如图 6-1-2 所示的图片素材，通过对鸟图层变换调整以及图层混合模式的设置，实现如图 6-1-3 所示的效果。

技能点拨：图层的变换、图层的调整、【叠加模式】。

图 6-1-2　"惊鸿"素材　　　　　　　　　图 6-1-3　"惊鸿"效果

创作步骤

　　01 打开教学光盘\素材\单元 6\惊鸿背景 .psd 文件，将飞鸟复制到背景中，如图 6-1-4 所示，生成"图层 1"，如图 6-1-5 所示。

图 6-1-4 "惊鸿"素材导入

图 6-1-5 生成"图层1"

02 将飞鸟从白色背景中抠出。使用【魔棒工具】单击白色部分，选中并删除。再使用快捷键 **Ctrl** + **T** 调出变换工具，将飞鸟调整至合适大小，效果如图 6-1-6 所示。

03 复制"图层 1"为"图层 1 副本"，再使用快捷键 **Ctrl** + **T** 调出变换工具，垂直翻转后移动到"图层 1"正下方，成为飞鸟的影子，设置【混合模式】为"叠加"，如图 6-1-7 所示，效果如图 6-1-8 所示。

图 6-1-6 调整后效果

图 6-1-7 设置混合模式

图 6-1-8 制作飞鸟的影子效果

案例小结

本案例主要运用了【魔棒】工具、图层混合模式中的叠加模式。为了使飞鸟影子看起来更为真实，可在图层面板中适当设置图层的总体不透明度和内部不透明度。

拓展实训 制作别致"耳环"效果

设计目的：通过为别致耳环加底纹的制作，熟悉图层混合模式。

操作要求：打开如图 6-1-9 及图 6-1-10 所示的图片，运用图层蒙版、复制以及图层混合等操作，实现如图 6-1-11 所示的效果。

技能点拨：【叠加模式】、图层蒙版。

图 6-1-9 四叶草素材

图 6-1-10 耳环素材

图 6-1-11 别致耳环最终效果

创作步骤

01 打开教学光盘\素材\单元 6\ 文件夹中的别致耳环 .jpg 和四叶草 .jpg 文件。

02 将四叶草 .jpg 图片移入别致耳环 .jpg 图中，如图 6-1-12 所示，生成"图层 1"，如图 6-1-13 所示。

03 选择"图层 1"，单击 👁 按钮将其设为不可见。并使用【磁性套索】工具选择右耳环的底部，并再次将"图层 1"设为可见。单击图层面板下方的 ◎ 按钮创建图层蒙版，修改"图层 1"的【混合类型】为"叠加"，【不透明度】设为"75%"，如图 6-1-14 所示，右耳环叠加后效果如图 6-1-15 所示。

图 6-1-12 "四叶草"移入"耳环"图中　图 6-1-13 生成"图层 1"

图 6-1-14 右耳环叠加图层面板　6-1-15 右耳环叠加后效果

04 复制"图层 1"为"图层 1 副本"，如图 6-1-16 所示。使用【移动】工具将"图层 1 副本"移动至另一个耳环处，最后效果如图 6-1-17 所示。

图 6-1-16　左耳环叠加图层面板 图 6-1-17　左耳环叠加后效果

05 将最终结果保存为"别致耳环 .psd"。

任务6.2　熟悉图层样式

■ 知识准备

　　图层样式是 Photoshop 中制作图片效果的重要手段之一，图层样式可以运用于一幅图片中除背景层以外的任意一个层。如果要对背景层使用图层样式，可以在背景层上双击并为其另外命名。

　　图层样式主要包含混合选项、投影、内阴影、外发光、内发光、斜面和浮雕、颜色叠加、渐变叠加、图案叠加和描边等。

■ 实践操作

基础实训 **1**　制作文字阴影效果

　　设计目的：通过展示各种图层样式效果对图层样式有所感性认识。

　　操作要求：利用如图 6-2-1 所示的"背景"素材（可任选），创作如图 6-2-2 所示的样式效果。

图 6-2-1　样式背景

原文字	
photoShop cs4	【投影】效果
photoShop cs4	【内阴影】效果
photoShop cs4	【外发光】效果
photoShop cs4	【内发光】效果
photoShop cs4	【外斜面】效果
photoShop cs4	【内斜面】效果
photoShop cs4	【浮雕】效果
photoShop cs4	【枕状】效果
photoShop cs4	【浮雕纹理】效果
photoShop cs4	【光泽】效果
photoShop cs4	【颜色叠加】效果
photoShop cs4	【渐变叠加】效果
photoShop cs4	【图案叠加】效果
photoShop cs4	【描边】效果

图 6-2-2　样式效果

案例小结

通过对图层样式的应用对比，让大家能够更好地理解不同图层样式之间的作用，为图层样式的应用奠定了基础。

创作步骤

01 打开教学光盘\素材\单元 6\ 图层样式背景 .psd 文件。

02 新建"图层 1"，使用文字工具输入"photoShop cs4"，字号"100 点"，选择自己喜欢的字体，本例选择"Monotype Corsiva"字体。

03 在【图层】面板单击 **fx.** 按钮，在弹出的【图层样式】对话框选择相应的样式并设置相关选项，其效果如图 6-2-2 所示。这里以【投影】效果为例，在【样式】选项中勾选【投影】，将【投影】样式设置如下：【混合模式】选择"正片叠底"，【颜色】默认为黑色，【不透明度】为"75%"，【距离】"9"像素，【扩展】"48%"，【大小】"16"像素，如图 6-2-3 所示。

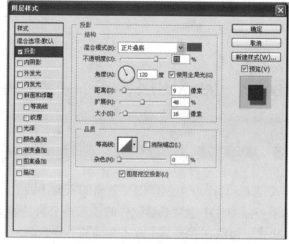

图 6-2-3　图层样式投影样式

图 6-2-4　投影效果

04 选择菜单栏中的【文件】/【存储】命令，将其命名为"投影效果 .psd"进行保存。效果举例如图 6-2-4 所示。

基础实训 2   制作"影子"效果

设计目的：通过对狗添加影子，掌握图层样式的应用。

操作要求：打开如图 6-2-5 所示的图片，利用【图层样式】制作一个素材的影子，并调整影子的位置，效果如图 6-2-6 所示。

技能点拨：【投影】,【光泽】。

图 6-2-5　影子素材

图 6-2-6　影子效果

创作步骤

01 打开教学光盘\素材\单元6\影子素材 .psd 文件。

02 复制影子图层为副本。

03 在【图层】面板单击 *fx.* 按钮，在弹出的【图层样式】对话框中选择【投影】和【光泽】选项。将【投影】样式设置如下：将【混合模式】选择【正片叠底】,【不透明度】为 "75%"，如图 6-2-7 所示。将【光泽】样式设置如下：将【混合模式】选择【正片叠底】,【不透明度】为 "92%"，【品质】选择 "高斯"，"反相"，如图 6-2-8 所示。

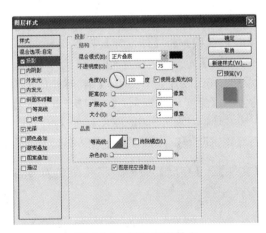

图 6-2-7　影子投影样式

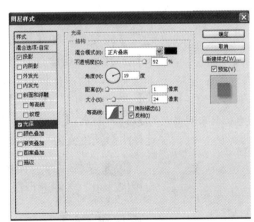

图 6-2-8　影子光泽样式

04 执行【文件】/【存储】命令。将图片以 "影子 .psd" 为文件名保存。

基础实训3 制作"心心相依"效果

设计目的：通过素材图片"心形"添加金属效果，进一步掌握【图层样式】的应用。

操作要求：打开如图 6-2-9 的背景图片，用自定义图形绘制一个形状如图 6-2-10 所示，并设置形状的图层样式，效果如图 6-2-11 所示。

技能点拨：【外发光】，【斜面与浮雕】，【不透明度】。

图 6-2-9 心心相依背景

图 6-2-10 添加自定义形状

图 6-2-11 "心心相依"效果

■■ 创作步骤 ■■■■■■■■■

01 打开教学光盘 \ 素材 \ 单元 6\ 心心相依背景 .psd 文件。

02 新建"图层 1"，在工具栏中选择【自定义形状】工具，选择案例的心形，画一个心形的路径。

03 切换到【路径】面板，把路径转化为选区，并将选区填充为"白色"。

04 在【图层】面板单击 **fx.** 按钮，在弹出的【图层样式】窗口选择【外发光】和【斜面和浮雕】选项。将【外发光】样式设置如下：将【混合模式】选择"滤色"，【不透明度】为"75%"，【发光颜色】为"白色"，如图 6-2-12 所示。将【斜面和浮雕】样式设置如下：选择【结构】中的【样式】为"内斜面"，【方法】"平滑"，【深度】"100%"，【方向】"上"，【大小】"5"像素，【光泽等高线】为"环形 - 双"，【阴影模式】"正片叠底"，选择阴影颜色值为"#555eb2"，【不透明度】"100%"，如图 6-2-13 所示。

注意：如果想让金属文字变成其他颜色，只需要修改文字图层的颜色。

05 选择菜单栏中的【文件】/【存储】命令，将其命名为"心心相依 .psd"文件进行保存。

案例小结

本案例综合运用了图层的编辑如外发光、斜面与浮雕、不透明度等图层样式，难点在于对图层样式相关参数的调整，使图案更逼真。

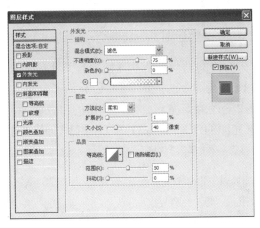

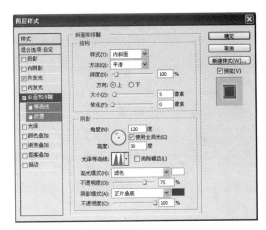

图 6-2-12　心心相依发光样式　　　　　图 6-2-13　心心相依斜面和浮雕样式

基础实训4　制作"精美的按钮"效果

设计目的：综合应用图层的各种样式，制作精美的按钮。

操作要求：新建一个文件，用【椭圆选框】工具分图层画出按钮的外观，并调整按钮的颜色，设置图层样式，制作按钮的立体效果。最后利用图层样式添加按钮的光源与文字，让按钮更逼真，效果如图6-2-14所示。

技能点拨：【投影】，【外发光】，【内发光】，【斜面与浮雕】。

图 6-2-14　按钮效果

创作步骤

01 新建一个文件，大小为 1024×768。

02 新建"图层 1"，在工具栏中选择【椭圆选框】工具，画一个椭圆形，并填充颜色为"#4458a3"。

03 在"图层 1"的面板单击 *fx.* 按钮，在弹出的【图层样式】对话框中选择【斜面和浮雕】选项，具体设置如图 6-2-15 所示。

04 新建"图层 2"，在"图层 1"上面画一个比原椭圆小，且形状相似的椭圆，并填充颜色为"#374a93"。

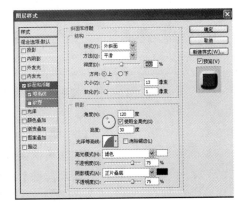

图 6-2-15　按钮斜面与浮雕样式

05 在"图层2"的面板单击 *fx.* 按钮，在弹出的【图层样式】对话框中选择【投影】选项，具体设置如图6-2-16所示。

06 新建"图层3"，并在按钮的适当位置用【椭圆】工具在"图层2"所画的椭圆上面画一个比原椭圆小的椭圆，【颜色】为"白色"。选择【羽化】工具，【羽化】像素设为5像素。制作按钮的白色光源，为了使光源更逼真，可以设置光源的【图层样式】的【投影】【外发光】和【内发光】选项，如图6-2-17～图6-2-19所示。

07 新建"文字"图层，输入"登录"，设置文字大小为"120点"，颜色为"#ffa800"，字体"加粗"。

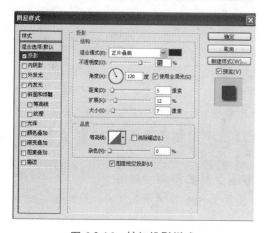

图6-2-16　按钮投影样式

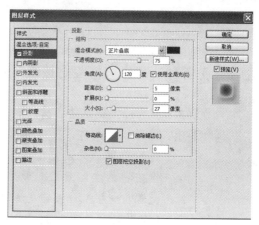

图6-2-17　按钮光源投影样式

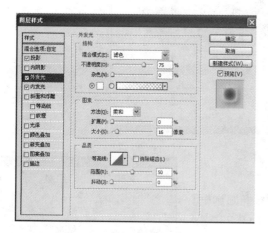

图6-2-18　按钮光源外发光样式

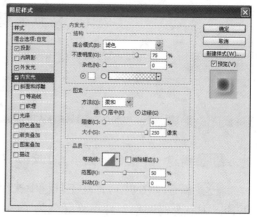

图6-2-19　按钮光源内发光样式

08 执行【图层】/【栅格化】/【文字】命令，然后在文字图层的面板单击 *fx.* 按钮，在弹出的【图层样式】窗口选择【投影】和【斜面和浮雕】选项。【投影】样式设置如图6-2-20所示，【斜面和浮雕】样式设置如图6-2-21所示。

09 选择菜单栏中的【文件】/【存储】命令，将其命名为"精美的按钮 .psd"进行保存。

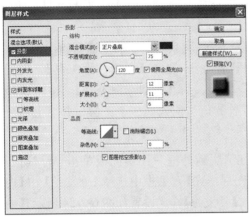

图 6-2-20 按钮文字投影样式

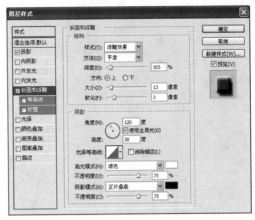

图 6-2-21 按钮文字斜面与浮雕样式

案例小结

　　本案例综合运用了图层的样式，如投影、斜面与浮雕、不透明度等，难点在于对图层的综合应用，使按钮更加逼真。

拓展实训　　制作"画蛙点睛"效果

设计目的：利用图层样式制作青蛙的眼睛。掌握图层样式的综合应用。

操作要求：利用图层的【内发光】、【外发光】、【羽化】和图层的变形，制作青蛙的眼睛。青蛙素材如图 6-2-22 所示，制作出的效果如图 6-2-23 所示。

技能点拨：【内发光】、【外发光】和图层的变形。

图 6-2-22 青蛙素材　　图 6-2-23 青蛙"点睛"效果

■ 创作步骤 ■

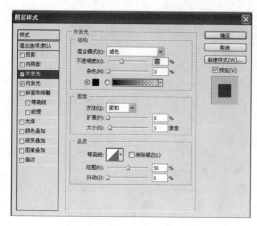

图 6-2-24 "眼睛外框"内发光样式

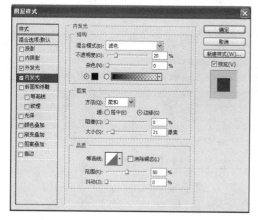

图 6-2-25 "眼睛外框"外发光样式

图 6-2-26 青蛙的一只眼睛效果

图 6-2-27 青蛙点睛效果

01 打开教学光盘\素材\单元6\青蛙背景.psd 文件。

02 在"青蛙背景"图层的上面新建图层,并命名为"眼睛外框"。选择【椭圆选框工具】,设置羽化为"5"像素,用【椭圆选框工具】,按住 Shift 键在青蛙背景的适当位置画一个正圆,并填上白色背景。

03 在"眼睛外框"图层面板单击 **fx** 按钮,在弹出的【图层样式】对话框中选择【外发光】和【内发光】选项。【外发光】样式设置如图 6-2-24 所示,【内发光】样式设置如图 6-2-25 所示。

04 新建图层,命名为"眼球",并用【椭圆】工具画一个正圆,填充为灰黑色,移动到适当的位置。

05 在"眼球"图层面板单击 **fx** 按钮,在弹出的【图层样式】对话框中选择【内发光】选项,将【内发光】样式设置如下:【混合模式】选择"滤色",【不透明度】为"75%",【图素】的【方法】为"柔和",【阻塞】"0%",【大小】"16"像素,【品质】选择第一种等高线,【范围】"50%"。

06 新建图层,命名为"黑眼珠",并用【椭圆】工具画一个正圆,填充为黑色,移动到适当的位置,并调整圆形的大小。

07 新建图层,命名为"反白",并用【椭圆】工具画一个椭圆,填充为白色,移动到适当的位置,并调整椭圆形的大小。这样,一只青蛙的眼睛就制作完成了,如图 6-2-26 所示。

08 复制相应的图层,制作青蛙的另一只眼睛,效果如图 6-2-27 所示。

09 选择菜单栏中的【文件】/【存储】命令,将其命名为"画蛙点睛.psd"进行保存。

案例小结

本案例综合运用了图层的多种样式,如羽化、外发光、内发光、图层的变形、旋转等知识点,难点在于对图层各知识点的综合应用,制作出逼真的眼睛,起到点睛之效果。

任务6.3　技能巩固与提高

提高训练 1　制作"执子之手"效果

设计目的：通过图层的【颜色】、【正片叠底】、【不透明度】
　　　　　 制作"执子之手"的石头。

操作要求：利用如图 6-3-1 和图 6-3-2 所示的素材，制作出如
　　　　　 图 6-3-3 所示的"执子之手"效果。

技能点拨：【正片叠底】，【颜色】，【不透明度】。

图 6-3-1　石头素材图片

图 6-3-2　手素材图片

图 6-3-3　"执子之手"效果

创作步骤

01 打开教学光盘中"素材 \ 单元 6\"文件夹下的手 .jpg 和石头 .jpg 文件。

02 打开"石头 .jpg"图片，把"手 .jpg"拖动到"石头 .jpg"文件中成为"图层 1"，如图 6-3-4 所示，用移动工具移到图片的适当位置，然后用【魔棒】工具把黑色的部分删除，如图 6-3-5 所示的效果。

图 6-3-4　"执子之手"调整前图层面板

图 6-3-5　"执子之手"素材处理样图

03 设置"图层1"的图层【混合模式】为"正片叠底",如图6-3-6所示,得到如图6-3-7所示的效果。

图6-3-6 "执子之手""正片叠底"图层面板　图6-3-7 "执子之手""正片叠底"效果

04 把背景复制一个"背景副本",放在"图层1"的上面,设置图层的【混合模式】为"颜色",【不透明度】为"73%",如图6-3-8所示,得到的"执子之手"效果如图6-3-9所示。

案例小结

　　本案例综合运用了图层混合模式【正片叠加】、【颜色】等,制作石头的纹理。

图6-3-8 "执子之手"颜色图层面板　　图6-3-9 "执子之手"效果

05 选择菜单栏中的【文件】/【存储】命令,将其命名为"执子之手.psd"进行保存。

提高训练2 制作"子弹孔"特效

设计目的:学会利用图层样式与其他工具综合使用制作特效。

操作要求:利用如图6-3-10所示的汽车素材,制作汽车被枪击后的模拟"子弹孔特效",效果如图6-3-11所示。

技能点拨:利用图层样式中的【斜面与浮雕】、【色彩修饰】、【图层面板】等命令进行创作。

图 6-3-10 "子弹孔特效"素材　　　　　图 6-3-11 汽车效果

▌创作步骤

01 新建一个文档,【宽度】和【高度】均设为"500 像素",【分辨率】为"150 像素／英寸",【颜色模式】为"RGB 颜色",【背景内容】为"黑色",效果如图 6-3-12 所示。

02 在"背景层"上面创建名为"图层 1"的新图层,使用矩形选框工具在图层左侧绘制矩形选区,并填充选区为白色,按 *Ctrl* + *D* 组合键取消选区,如图 6-3-13 所示。

图 6-3-12 新建文件　　　　　图 6-3-13 矩形选区填充

03 选择菜单栏中的【滤镜】／【风格化】／【风】命令,设置【风】命令参数,如图 6-3-14 所示。

04 按 *Ctrl* + *F* 组合键两次,重复【风】滤镜两次,加大风的效果,如图 6-3-15 所示。

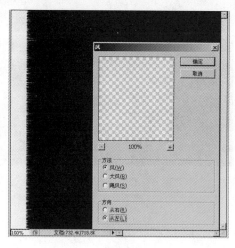
图 6-3-14 【风】滤镜应用

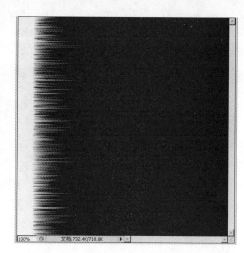
图 6-3-15 重复滤镜两次的效果

05 选择菜单栏中的【图像】/【图像旋转】/【90 度（顺时针）】命令，将画布顺时针旋转 90 度，如图 6-3-16 所示。

06 选择菜单栏中的【滤镜】/【扭曲】/【极坐标】命令，如图 6-3-17 所示。

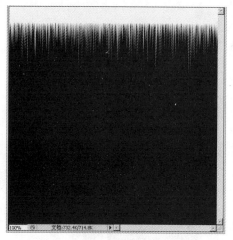
图 6-3-16 旋转画布

图 6-3-17 【极坐标】滤镜应用

07 按 *Shift* + *Ctrl* + *E* 组合键，合并可见图层。

08 选择菜单栏中的【图像】/【调整】/【反相】命令，效果如图 6-3-18 所示。

09 打开光盘 \ 素材 \ 单元 6\ 小车 .jpg 文件，将步骤 08 处理好的素材拖到 "小车 .jpg" 图像上，得到 "图层 1"，并调整新图像的大小与位置，如图 6-3-19 所示。

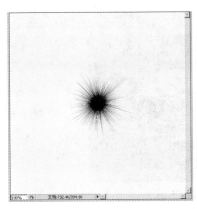

图 6-3-18　反相

图 6-3-19　移动图像

10　选择菜单栏中的【选择】/【色彩范围】命令，用吸管在图像白色处单击，如图 6-3-20 所示。

11　单击 确定 按钮，按 *Delete* 键删除选区内白色图像，如图 6-3-21 所示。

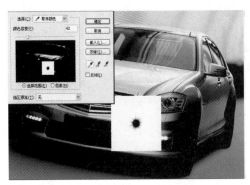

图 6-3-20　【色彩范围】选择

图 6-3-21　删除白色图像

12　鼠标右击"图层 1"的缩览图，在弹出的快捷菜单中选择【混合选项】，为"图层 1"添加"内斜面"效果，参数设置如图 6-3-22 所示。

13　对"图层 1"进行复制操作，并改变"弹孔"的大小与位置，做出模拟汽车被枪击后的子弹孔效果。最终效果如图 6-3-23 所示。

14　选择菜单栏中的【文件】/【存储】命令，将其命名为"子弹孔特效 .psd"进行保存。

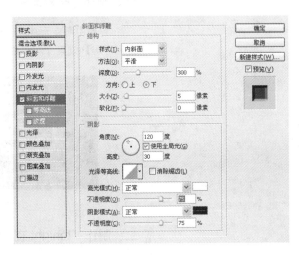

图 6-3-22　"内斜面"效果设置

137

图 6-3-23 "子弹孔特效"效果图

单元小结

本单元主要讲解了图层的混合模式和图层样式的应用。在图层混合模式中，【正常】和【溶解】模式是不依赖其他图层的，运用其他的混合模式可以使底层图像变暗、变亮或是增强底层图像的对比度，通过比较上下图层的颜色，混合出丰富多彩的效果。在图层样式中【投影】、【内发光】、【外发光】、【斜面与浮雕】等可为图层添加很多效果，让图层间层次感增强又能增加逼真感。

习 题

一、制作"特效文字"

习题中所有元素自己制作，在背景图片上应用图层样式中的【外发光】和【斜面和浮雕】效果，制作如习题图 1 所示的特效文字。

习题图 1 特效文字效果

二、制作"tonight 夜之光"效果

习题中所有元素自己制作，主要运用颜色减淡混合模式、【云彩】滤镜、【模

糊】滤镜、矩阵绘图等知识，实现如习题图 2 所示的效果。

三、设计制作"立体牌匾"效果

习题中所有元素自己制作。运用【图层的调整】、【图层叠加】、【链接】及【图层样式】等功能创作"立体牌匾"，实现如习题图 3 所示的效果。

习题图 2　"tonight 夜之光"效果　　　　　习题图 3　"牌匾"效果

读书笔记

单 元 7

通道和蒙版的应用

本单元学习目标

- 掌握通道概念。
- 学会通道的创建、复制、删除、拆分与合并等操作。
- 掌握蒙版概念。
- 学会蒙版的创建、删除、关闭、应用等操作。
- 会用通道与蒙版制作特效。

任务7.1 了解通道的应用

■ 知识准备

1. 通道的概念

通道最初是用来储存一个图像文件中的选择内容及其他信息的，通道层中的像素颜色是由一组原色的亮度值组成的，说通俗点即：通道中只有一种颜色的不同亮度，是一种灰度图像。

2. 通道的分类

（1）颜色通道

一个图片被建立或者打开以后是会自动创建颜色通道的。当在 Photoshop 中编辑图像时，实际上就是在编辑颜色通道，这些通道把图像分解成一个或多个色彩成分。图像的模式决定了颜色通道的数量，RGB 模式有 R、G、B 三个颜色通道，CMYK 图像有 C、M、Y、K 四个颜色通道，灰度图只有一个颜色通道，它们包含了所有将被打印或显示的颜色。

（2）复合通道

复合通道由蒙版概念衍生而来，用于控制两张图像叠盖关系的一种简化应用。复合通道不包含任何信息，实际上它只是同时预览并编辑所有颜色通道的一个快捷方式。它通常被用来在单独编辑完一个或多个颜色通道后使通道面板返回到它的默认状态，如图 7-1-1 所示的三原色树和图 7-1-2 所示的通道面板。

图 7-1-1　三原色树

（3）专色通道

专色通道是一种特殊的颜色通道，它可以使用除了青色、洋红（有人叫品红）、黄色、黑色以外的颜色来绘制图像。在印刷中为了让自己的印刷作品与众不同，往往要做一些特殊处理，如增加荧光油墨或夜光油墨，套版印制无色系（如烫金），等等。这些特

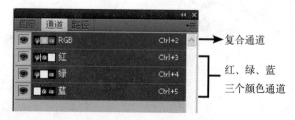

图 7-1-2　通道面版

殊颜色的油墨（称其为"专色"）都无法用三原色油墨混合而成，这时就要用到专色通道与专色印刷了。

（4）Alpha通道

Alpha通道是计算机图形学中的术语，指的是特别的通道。有时，它特指透明信息，但通常的意思是"非彩色"通道。Alpha通道是为保存选择区域而专门设计的通道，在生成一个图像文件时并不是必须产生Alpha通道。通常它是由人们在图像处理过程中人为生成，并从中读取选择区域信息的。

■ **实践操作**

基础实训 1　**制作"春天"文字效果**

　　设计目的：学会编辑通道，从通道建立选区。
　　操作要求：打开图片"春天.psd"（带通道），修改Alpha通道，并利用填充工具和如图7-1-3所示的背景素材做出如图7-1-4所示的效果。
　　技能点拨：【通道】编辑、【填充】工具、【通道】与【选区】的转换。

图7-1-3　背景素材

图7-1-4　文字效果

■■ **创作步骤**

　　01　打开教学光盘＼素材＼单元7＼春天.psd文件。

　　02　切换到通道面板，按住 **Ctrl** 键，单击"Alpha1"通道，载入该通道的选区，选择【渐变】工具，设置方式为"对称渐

图7-1-5 Alpha1通道渐变后的效果

变" ▭▭▭ ▭▭▭ ，对该通道进行渐变填充，效果如图 7-1-5 所示。

03 回到 RGB 通道，再按住 *Ctrl* 键单击 "Alpha1" 通道，载入渐变填充后的通道。切换到图层面板，新建图层，选择自己喜欢的前景色，按 *Alt* + *Delete* 组合键，用前景色填充选区，注意，如果一次填充的效果颜色比较淡，可以重复一次，也可以重设置通道。多次尝试，直到得到自己满意的效果，效果如图 7-1-6 所示。

案例小结

在 "春天" 这个实例中，可以看到，在通道中的明亮程度就是选区的透明程度。越明亮的区域，选区的不透明度越高。

图 7-1-6 填充了颜色后的效果

基础实训② 制作图片被撕裂效果——"分手"

设计目的：学会编辑通道，从通道建立选区，利用通道抠取图像。

操作要求：打开 "牵手.jpg" 的图片，如图 7-1-7 所示，创建新的通道，并对通道进行处理，结合图层的效果，产生如图 7-1-8 所示的图片被撕开的效果。

技能点拨：【通道】编辑、【通道】复制、【通道】与【选区】的转换、【滤镜】的使用、【图层样式】。

图 7-1-7 "牵手"素材

图 7-1-8 "分手"效果图

创作步骤

01 打开教学光盘\素材\单元7\牵手.jpg 文件。在图层控制面板中，双击背景图层，在弹出的对话框中单击【确定】按钮，使背景图层转化为"图层0"。

02 用【套索】工具选出如图 7-1-9 所示的选区。并在通道面板中单击 按钮，将选区存储为通道，系统自动将其命名为"Alpha1"，如图 7-1-10 所示。取消选区，选中"Alpha1"通道，单击菜单命令【滤镜】/【像素化】/【晶格化】，在【晶格化】对话框中的【单元格大小】文本框中输入"6"，然后单击【确定】按钮。

03 将"Alpha1"拖动到 按钮，形成"Alpha1副本"，再拖动一次，形成"Alpha1 副本 2"，此时的通道面板如图 7-1-11 所示。利用【图像】/【调整】/【阈值】命令分别设置"Alpha1"的阈值为"128"，"Alpha1副本"的阈值为"1"，"Alpha1 副本 2"的阈值为"255"。

04 按住 Ctrl 键，单击"Alpha1"，将其转换为选区。回到 RGB 通道，按 Ctrl + Shift + J 组合键，将选区剪切成新的"图层1"。

05 在"图层1"下面新建"图层2"，到通道面板，按住 Ctrl 键，单击"Alpha1 副本"，将其转换为选区。回到图层面板，将选区填充成"白色"。取消选区，组合键为 Ctrl + D。合并"图层1"和"图层2"，得到如图 7-1-12 所示的效果。

06 在"图层0"下面新建"图层3"，到通道面板，按住 Ctrl 键，单击"Alpha1 副本 2"，将其转换为选区，按 Ctrl + Shift + I 组合键将选区反选。回到图层面板，将选区填充成"白色"，按 Ctrl + D 组合键取消选区，合并"图层0"和"图层3"。

07 执行【图像】/【画布大小】命令，在弹出的对话框中设置参数如图 7-1-13 所示。

08 新建"图层4"，置于底层，将其填充成"淡黄色"。并将"图层2"和"图层3"适当移位，合并"图层2"和"图层3"，添加图层阴影样式，效果如图 7-1-14 所示。

图 7-1-9　用套索套出的选区

图 7-1-10　Alpha1 通道

图 7-1-11　Alpha1 通道复制后

图 7-1-12　图层 1、2 合并后

案例小结

在"分手"这个实例中，主要通过对通道进行滤镜处理，从而改变选区。而不同阈值的调节，又能在通道上产生细微的变化，这样就能很好地实现撕开照片时产生的白边，使图像更逼真。

图 7-1-13　调整画布大小

图 7-1-14　最终效果

拓展实训　　制作禁烟广告"你还抽吗？"

设计目的：学会编辑通道，从通道建立选区，利用通道抠取图像。

操作要求：根据提供的如图 7-1-15 所示的相关的素材图，利用通道及其他选取工具抠取出火骷髅、树、树丫、香烟，并制作出如图 7-1-16 所示的效果。

技能点拨：【通道】编辑、【填充】工具、【通道】与【选区】的转换、【路径】工具的使用、【图层混合样式】。

图 7-1-15　"你还抽吗"素材图

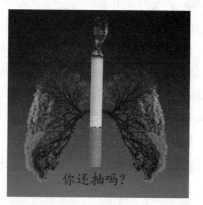

图 7-1-16　"你还抽吗"效果图

■ 创作步骤

01 新建 RGB 图片（640 像素 × 640 像素），设置前景色 R 为 7，G 为 4，B 为 81，背景色 R 为 0，G 为 152，B 为 238，用前景色到背景色的渐变填充图片。保存图片名称为"你还抽吗？"。

02 打开教学光盘 \ 素材 \ 单元 7\ 树 .jpg 文件。切换到通道面板，选中蓝色通道（因为这个通道的树与背景的对比最强烈，如图 7-1-17 所示），拖到新建按钮上形成新的 Alpha 通道"蓝 副本"，如图 7-1-18 所示。

图 7-1-17　蓝色通道下的图片　　　　图 7-1-18　复制蓝色通道

03 对"蓝 副本"的通道进行色阶调整，组合键为 **Ctrl** + **L**，参数及效果如图 7-1-19 所示。对"蓝 副本"的通道进行反相，组合键为 **Ctrl** + **I**，再按住 **Ctrl** 键单击该通道，载入选区。回到 RGB 通道，按 **Ctrl** + **J** 组合键，通过选区复制图层得到单独的"树"，并将它拖到图片"你还抽吗？"中。按下 **Ctrl** + **T** 组合键，"树"旋转"–90°"，效果如图 7-1-20 所示。

图 7-1-19　"蓝 副本"调整色阶参数及效果

图 7-1-20 "树"旋转"–90°"后

04 打开教学光盘\素材\单元 7\树丫.jpg 的文件,如同第 02 步的方法,调整通道的色阶,参数如图 7-1-21 所示。再使用【画笔】工具,将树丫以外的部分涂成白色,如图 7-1-22 所示。

05 对通道反相,按住 **Ctrl** 键,载入选区,回到背景层,并通过选区复制图层。得到独立的"树丫",并将"树丫"拖动到"你还抽吗?"中,按 **Ctrl** + **T** 组合键,将"树丫"水平翻转,然后旋转 "–48°",效果如图 7-1-23 所示。再选择一个柔角的橡皮擦工具,将树丫和树重叠的部分擦除,效果如图 7-1-24 所示。

06 将树和树丫两个图层合并成新图层,按下 **Ctrl** + **Alt** + **T** 组合键,对新图层进行复制变换。注意要改变图像变换的中心点到树根上,如图 7-1-25 所示。再对图像进行"水平翻转",效果如图 7-1-26 所示。

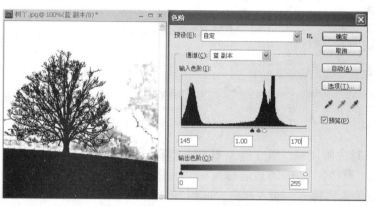

图 7-1-21 "树丫"通道色阶调整参数及效果

图 7-1-22 树丫以外涂白后

图 7-1-23 树丫旋转后

图 7-1-24 树和树丫擦除处理后

07 打开教学光盘＼素材＼单元7＼香烟.jpg文件，用【钢笔】工具或【套索】工具，选出香烟，拖放到图片"你还抽吗？"中，并移动到树的中间，如图7-1-27所示。

08 打开教学光盘＼素材＼单元7＼火骷髅.jpg，将图片中的每个通道都复制一个副本，如图7-1-28所示。

 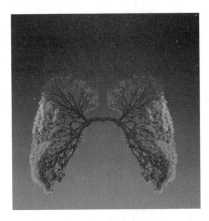

图7-1-25 变换合并图层　　　图7-1-26 变换后效果

按住 *Ctrl* 键，单击通道"红副本"，载入该通道的选区，并回到RGB通道，新建"图层1"，给"图层1"填充纯红色，R为255，G为0，B为0。隐藏"图层1"，回到背景层。

同样方法，载入"绿 副本"通道的选区，新建"图层2"，并给"图层2"填充纯绿色，R为0，G为255，B为0。隐藏"图层2"，回到背景层。

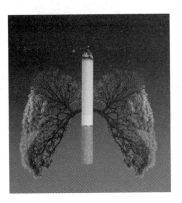 

图7-1-27 置入香烟　　　图7-1-28 复制通道后

再载入"蓝 副本"通道的选区，新建"图层3"，并给"图层3"填充纯蓝色，R为0，G为0，B为255。

隐藏背景层，分别将"图层2"和"图层3"的混合模式改为"滤色"，如图7-1-29所示。再将图层1、图层2、图层3合并，得到的是从"火骷髅"图片中分离出来的火焰图片，如图7-1-30所示。

图7-1-29 填充图层并修改混合模式　　　图7-1-30 分离出的火焰图片

案例小结

在"你还抽吗?"这个实例中,主要是【通道】在抠图方面的运用。在抠图时,要选择一个图像对比度较强的颜色通道来进行,并且一定要记得复制通道,不能在原来的颜色通道中进行修改,否则会影响图像的色彩信息。另外,在火骷髅的抠取中,已经很好地说明了【通道】可用来存储色彩信息这一点。

09 将火焰图层拖到"你还抽吗?"图片中,并移动到适当的地方。用【文字】工具给图片添加文字"你还抽吗?",最终效果如图 7-1-31 所示。

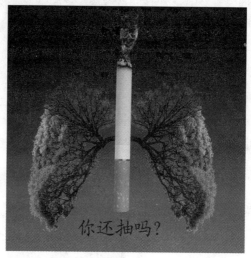

图 7-1-31 "你还抽吗?"效果图

任务7.2 学习蒙版的应用

■ 知识准备

1. 蒙版的分类

图层蒙版:指在图层上建立一个遮罩,将不需要的图像遮盖起来,但不破坏原有的图像。

矢量蒙版:也可称它为路径蒙版,因为只有矢量路径才对它起作用。使用它可以结合钢笔工具很灵活地控制显示范围。

剪贴蒙版:指图层的组合,通过下一图层的形状看上一图层的内容。

快速蒙版:在通道中产生一个快速蒙版的通道,双击此通道可以改变蒙版的颜色和透明度。

2. 蒙版的创建

在【图层】面板中单击【添加图层蒙版】按钮 ，即可创建完全透明的白色图层蒙版。如果按住 *Alt* 键的同时单击创建按钮则可以创建完全不透明的黑色蒙版。也可使用菜单创建，选择图层后执行【图层】/【添加图层蒙版】/【显示全部】命令可以创建完全透明的图层蒙版。

■ 实践操作

基础实训 1 制作红杏出"墙"效果

设计目的： 学习图层蒙版的创建。

操作要求： 利用如图 7-2-1 所示的电视素材和如图 7-2-2 所示的"红杏"，使用蒙版制作出如图 7-2-3 所示的红杏出"墙"效果。

技能点拨：【蒙版】、【画笔】工具。

图 7-2-1 电视

图 7-2-2 红杏

图 7-2-3 红杏出"墙"效果图

■ 创作步骤

01 打开教学光盘\素材\单元 7\红杏 .jpg 文件。

02 选择菜单栏中的【图像】/【图像旋转】/【水平翻转画布】命令，将整个图像水平翻转。

03 使用组合键 **Ctrl** + **A** 全部选中图像，再使用组合键 **Ctrl** + **C** 复制整个图像。

04 打开教学光盘中\素材\单元 7 通道和蒙版应用\电视 .jpg 文件。

05 使用【多边形套索】工具创建电视屏幕区域。选择菜单栏中的【编辑】/【贴入】命令，然后选中红杏图片，使用组合键 **Ctrl** + **T**，将红杏图放大到如图 7-2-4 所示大小。图 7-2-5 所示为贴入图片后的图层效果。

图 7-2-4 贴入图片后

图 7-2-5 贴入图片后图层效果

06 选中"图层1"的蒙版，并选择【画笔】工具，画笔笔触选择尖角"10像素"左右，前景色为白色，在图层中擦出伸入电视屏幕外面的红杏花。

07 完成后效果如图7-2-6所示。

案例小结

在这个实例中，使用到了"粘贴入"这样一个功能，自动产生一个蒙版，结合画笔工具，把电视以外的红杏枝涂抹出来。

图7-2-6 完成后效果图

基础实训2 制作"妞妞相册"效果

设计目的：学习图层掩膜和图层蒙版的结合使用。

操作要求：利用如图7-2-7所示的素材库，使用蒙版制作出如图7-2-8所示的效果。

技能点拨：【蒙版】、【画笔】工具、图形变换、【蒙版】编辑。

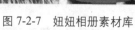

图7-2-7 妞妞相册素材库

图7-2-8 妞妞相册效果

创作步骤

01 打开教学光盘\素材\单元7文件夹下的相册.jpg、妞妞1.jpg、妞妞2.jpg和心形.jpg 4张图片。

02 选择相册图片，使用【椭圆选框】工具，选出相册中的小圆部分。

03 选择图片"妞妞1.jpg"，使用组合键 **Ctrl** + **A** 全部选中图像，再使用组合键 **Ctrl** + **C** 复制整个图像。

04 切换到相册图片中，选择菜单栏中的【编辑】/【贴入】命令，然后选中"妞妞1"图片，使用组合键 **Ctrl** + **T**，将图片放大到如图7-2-9所示效果并将图层命名为"小圆"，此时图层的效果如图7-2-10所示。

05 选中图片"妞妞2.jpg"，使用组合键 **Ctrl** + **A** 全部选中图像，再使用组合键 **Ctrl** + **C** 复制整个图像。

06 切换到相册图片中，选择背景层，使用【椭圆选框】工具，设置羽化值为"5像素"，选定相册中的大圆部分。选择菜单栏中的【编辑】/【贴入】命令，然后选中"妞妞2"图片，使用组合键 **Ctrl** + **T**，将图片放大到如图7-2-11所示效果并将图层命名为"大圆"，此时图层的效果如图7-2-12所示。

07 切换到"妞妞1.jpg"，将图片拖到相册中，并将图层命名为"心形"，调整图片大小。

08 按住 **Alt** 键，单击【添加图层蒙版】按钮，为"心形"图层添加图层蒙版。

09 切换到心形图片中，使用组合键 **Ctrl** + **A** 全部选中心形图片，将其定义成画笔。

图 7-2-9 贴入效果

图 7-2-10 贴入图层效果

图 7-2-11 羽化贴入效果

图 7-2-12 羽化贴入图层效果

图 7-2-13　效果图

图 7-2-14　图层效果图

图 7-2-15　"女孩"图层效果图

案例小结

　　本实例将几张图片通过蒙版的功能结合在一起，制作成相册的效果。主要工具是【粘贴入】和【画笔】工具。

10) 切换到相册图中，改变前景色为灰色，使用画笔工具 ✐ 在蒙版中相应位置单击。取消图层与蒙版链接，使用组合键 *Ctrl* + *T* ，调整心形图的大小并移动到右上角合适的位置。

11) 单点击图层缩览图，切换到图层中，取消蒙版链接，调整"妞妞1"图片大小，效果如图 7-2-13 所示。图 7-2-14 所示为图层效果。

12) 新建图层，命名为"女孩"，将图片"妞妞2"复制到图层中并调整大小和方向。按住 *Alt* 键单击【添加图层蒙版】按钮，为图层添加蒙版。使用矩形选框工具并配合画笔工具，在图层蒙版的左上角涂抹出一块由白到灰的不规则过渡色，切换到图层中即可，如图 7-2-15 所示。

13) 完成后效果如图 7-2-16 所示。

图 7-2-16　妞妞相册效果

拓展实训　　制作"孕育希望"效果

设计目的：练习图层掩膜和图层蒙版的结合使用。

操作要求：利用如图 7-2-17 所示的素材库，使用蒙版制作出如图 7-2-18 所示的效果图。

技能点拨：【蒙版】、【画笔】工具、图形变换。

图 7-2-17　孕育希望素材库　　　　　图 7-2-18　孕育希望效果图

创作步骤

01 打开教学光盘＼素材＼单元7＼文件夹下的"蓝天白云.jpg"、"芽.jpg"、"半透明球.jpg"及"地球.jpg"4个图片文件。

02 切换到半透明球图片，使用【椭圆选框】工具将半透明球选中并复制。切换到蓝天白云图片中粘贴并调整半透明球的大小。将图层改名为"半透明球"，如图 7-2-19 所示。

03 在蓝天白云图片中添加一个图层，将地球图片全部选中并复制到图层中，将图层命名为"地球"。调整图片大小，使地球大小与半透明球的大小一致。

图 7-2-19　复制半透明球后图层效果

04 按住 **Alt** 键，单击【添加图层蒙版】按钮，为"地球"图层添加图层蒙版。

05 调整好【画笔】工具，前景色为"白色"，使用【画笔】工具将地球图片中的手和地球的下半部分全部显示出来。再调整前景色为"灰色"，按住 **Ctrl** 键，调出半透明球的选区，用灰色画笔将地球的上半部分呈半透明状显示出来，如图 7-2-20 表示。图 7-2-21 所示为此时的图层效果。

06 切换到图片"芽"中，按 **Ctrl** + **A** 全部选中，再按 **Ctrl** + **C** 复制整张图片。

07 切换到"蓝天白云"图片中，添加一图层名为"芽"。粘贴芽的图片并调整图片大小。为图层添加蒙版，并将蒙版的背景色改为"黑色"。

图 7-2-20　地球上下不同显示

图 7-2-21　地球上下不同显示图层效果

155

图 7-2-22　芽的涂抹效果

图 7-2-23　芽的涂抹显示图层效果

08 使用【画笔】工具将芽中的三颗小芽涂抹出来，如图 7-2-22 所示。此时图层的效果如图 7-2-23 所示。

09 新建"文字 1"图层，使用横排文字工具输入"孕育"，颜色为"黄色"，字号"72"点，字体"方正华文彩云"。

10 新建"文字 2"图层，使用直排文字工具输入"希望"，颜色为"黄色"，字号"72"点，字体"华文行楷"。

11 完成后效果如图 7-2-24 所示。

图 7-2-24　孕育希望效果图

案例小结

本实例运用蒙版功能将几张图片结合起来，制做的过程中主要注意【画笔】工具以及蒙版透明度的设置。

任务7.3　技能巩固与提高

提高训练 1　制作"头发的抠取"效果

设计目的：利用通道和蒙版抠图。

操作要求：利用如图 7-3-1 所示的"大海"和图 7-3-2 所示的"女孩"素材，结合使用蒙版、通道等制作出如图 7-3-3 所示的头发抠取的效果。

技能点拨：【蒙版】、【通道】、【磁性套索】工具。

图 7-3-1　大海

图 7-3-2　女孩

图 7-3-3　头发抠取效果

创作步骤

01 打开教学光盘＼素材＼单元7文件夹下的"女孩.jpg"及"大海.jpg"两张素材图片。

02 使用【移动】工具将"女孩"拖动到"大海"图像窗口中并将该图层命名为"Girl"。

03 单击图层"Girl"，在【通道】面板中依次单击各个颜色通道，查看哪个通道中头发与背景的反差比较大——显然是绿色通道，然后将该通道拖到创建新通道按钮上复制出"绿色通道副本"。

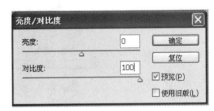

图 7-3-4　调整对比度

04 选中"绿色通道副本"，选择菜单命令【图像】/【调整】/【亮度】/【对比度】，打开如图 7-3-4 所示的对话框，并按图中所示设置参数。

05 再选择菜单命令【图像】/【调整】/【曲线】，打开如图 7-3-5 如示的对话框，并按图中所示设置参数。

06 使用组合键 Ctrl + I，将图像反相，再次选择菜单命令【图像】/【调整】/【曲线】，打开对话框，并按图 7-3-6 所示设置参数，使发梢更亮，背景更黑，对比度更强。

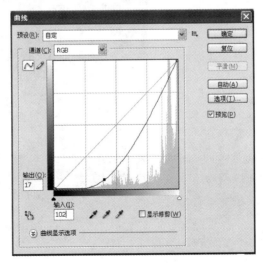

图 7-3-5　设置【曲线】对话框

07 将前景色设置为"白色",背景色设置为"黑色",然后使用【画笔】工具将人体内部全部涂成"白色",人体外的部分全部涂成"黑色",如图 7-3-7 所示。

08 按住 Ctrl 键,选中人物选区。然后回到图层中,对"Girl"层添加图层蒙版。

09 完成后效果如图 7-3-8 所示。

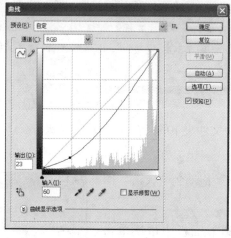

图 7-3-6 反相后设置【曲线】对话框

图 7-3-7 调整曲线后通道效果

案例小结

本实例结合使用了【蒙版】和【通道】两个知识点,通过调整【通道】的对比度和曲线等对图片的细节部分——头发发梢进行抠取。

图 7-3-8 头发抠取效果图

提高训练 ② 制作"幸福满屋"结婚相册

设计目的：学会编辑通道，从通道建立选区，学会蒙版的使用、滤镜的使用。

操作要求：在如图7-3-9所示的素材上，利用通道抠取婚纱照片，并结合蒙版，将图片合成如图7-3-10所示的结婚相册。

技能点拨：【通道】编辑、【通道】与【选区】的转换、【自由变换】、【选区】工具、【路径】工具、【蒙版】、【图层样式】。

图 7-3-9 "幸福满屋"素材

图 7-3-10 "幸福满屋"相册效果

创作步骤

图 7-3-11　人物主体的路径

图 7-3-12 人物主体 图层 1

01 打开教学光盘＼素材＼单元7＼结婚照片1.jpg文件。选择【钢笔】工具，在照片上画出如图7-3-11所示的路径，把人物的主体部分勾勒出来。细节部分，可以将图片放大来勾勒。再使用【转换点】工具和【直接选择】工具对路径进行调整，可以达到更加精确的效果。

02 按下 *Ctrl* + *Enter* 组合键将路径转换成选区。再按下 *Ctrl* + *J* 组合键，将选区复制成"图层1"，如图7-3-12所示。单击选择背景层。

03 打开通道面板，复制红色通道形成通道"红 副本"，按下 *Ctrl* + *L* 组合键调整通道的色阶，参数如图7-3-13所示。

04 用【钢笔】工具绘出头纱的轮廓，效果如图7-3-14所示。按下 *Ctrl* + *Enter* 组合键将路径转换成选区。

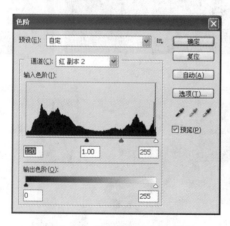

图 7-3-13　"红 副本"色阶调整

图 7-3-14　头纱路径

05 按住 *Ctrl* + *Shift* + *Alt* 组合键，单击通道"红副本"，可以得到选区的交集。按下 *Ctrl* + *J* 组合键将选区复制成新"图层2"。将背景层填充成"黑色"，可以看到如图7-3-15所示效果。将"图层1"和"图层2"合并。

06 打开教学＼素材＼单元7婚纱背景.jpg文件，将合并后的图层拖到"婚纱背景"中，效果如图7-3-16所示。

07 打开教学光盘\素材\单元 7 文件夹下的"结婚照片 2.jpg"、"结婚照片 3.jpg"、"结婚照片 4.jpg"，并逐个拖到"婚纱背景.jpg"中，缩小到原来的"20%"，效果如图 7-3-17 所示。

08 选择【圆角矩形】工具 ▭，并设置路径状态 ▭▭▭，在其中一张照片的图层上拖出一个路径。按下 **Ctrl** + **Enter** 组合键，将路径转成选区。再单击 ▭ 按钮从选区建立蒙版，给图层添加投影效果。另外两张照片也如此处理。得到的效果如图 7-3-18 所示：

09 打开教学光盘\素材\单元 7\ 婚纱素材 .psd 文件，将准备好的素材图层拖到"婚纱背景.jpg"中。装饰后效果如图 7-3-19 所示，最后保存文件。

图 7-3-15　背景填黑后

图 7-3-16　人物拖到"婚纱背景"

图 7-3-17　三张照片缩小后

图 7-3-18　添加蒙版后的三张照片

图 7-3-19　装饰后效果

案例小结

在"幸福满屋"这个实例中，运用通道对半透明的婚纱进行抠取。抠取头纱时，除了选择一个色彩对比比较强的通道外，还要特别注意，对通道进行修改时，要注意调节好通道的色阶，否则抠出来的头纱会不完整或者图像中多余的部分不能分离出去。适当的时候可以用【橡皮擦】工具或者【套索】等工具进行处理。

提高训练 3 制作"水晶字"效果

设计目的：学会编辑通道，从通道建立选区，学会通道的计算、滤镜的使用。

操作要求：运用通道的计算及滤镜的效果，制作出如图 7-3-20 和图 7-3-21 所示的水晶字效果。

技能点拨：【通道】、【通道】与【选区】的转换、【通道】的计算、【自由变换】、【选区】工具。

图 7-3-20 "空心水晶"效果

图 7-3-21 "实心水晶"效果

创作步骤

01 新建一个 800×400 像素的文件，选用【文字蒙版】工具 ⊤，输入文字"水晶"（字体为隶书，大小为 200 点），并在文字中间留两个空格。在【通道】面板中单击底部的按钮 ◻，将选区转成通道，形成新通道"Alpha1"，取消选区按 *Ctrl* + *D* 组合键。

02 选中通道"Alpha1"，选择【自定义形状】工具 ◢，找到图形 ✿，在工具属性中选择【填充像素】的按钮 □ ▣ □，用鼠标拖出适当大小的图形，效果如图 7-3-22 所示。

图 7-3-22 Alpha1

03 单击菜单命令【滤镜】/【模糊】/【高斯模糊】，并在弹出的对话框中将模糊半径设为"3.0像素"，效果如图7-3-23所示。

图 7-3-23　模糊效果

04 将"Alpha1"拖到 按钮产生 Alpha1 副本，单击菜单命令【滤镜】/【其他】/【位移】，在弹出的对话框中设置参数，如图7-3-24所示。

05 单击菜单命令【图像】/【计算】，在弹出的对话框中进行如图7-3-25所示设置，计算得到"Alpha2"，获得如图7-3-26所示的效果。

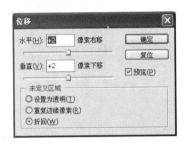

图 7-3-24　位移滤镜

06 选中通道 Alpha2，单击菜单命令【图像】/【调整】/【自动色调】。再单击菜单命令【图像】/【调整】/【曲线】，在弹出的对话框中将曲线调整至如图7-3-27所示的形状。曲线调整后效果如图7-3-28所示。

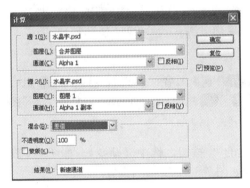

图 7-3-25　Alpha1 和 Alpha1 副本计算

图 7-3-26　Alpha2 对应的效果

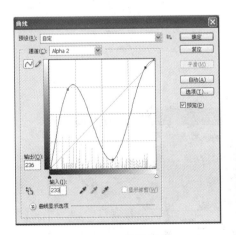

图 7-3-27　曲线调整

图 7-3-28　曲线调整后效果

163

07 单击菜单命令【图像】/【计算】，在弹出的对话框中进行如图 7-3-29 所示的设置，计算得到"Alpha3"，获得如图 7-3-30 所示的实心效果。

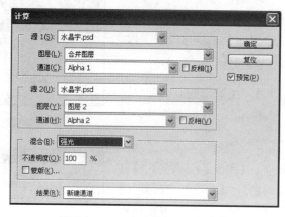

图 7-3-29 Alpha1 和 Alpha2 计算　　　　图 7-3-30 计算得到"Alpha3"对应的效果

08 选中 Alpha2，按 Ctrl + A 组合键，再按 Ctrl + C 组合键，单击 RGB 通道，再按 Ctrl + V 组合键，将 Alpha2 粘贴到新"图层 1"中。

09 选中 Alpha3，按 Ctrl + A 组合键，再按 Ctrl + C 组合键，单击 RGB 通道，再按 Ctrl + V 组合键，将 Alpha3 粘贴到新"图层 2"中。

10 单击【图层】面板上的 ⊘ 按钮，选中【渐变】，如图 7-3-31 所示。在弹出的对话框中进行如图 7-3-32 所示的设置。

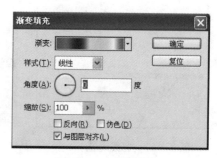

图 7-3-31 选择【渐变】　　　　图 7-3-32 填充图层

11 将"渐变填充1"的图层混合模式设为"颜色",其他设置如图 7-3-33 所示,得到图层 1 和图层 2 的效果,如图 7-3-34 所示,保存文件。

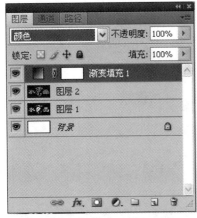

图 7-3-33 渐变填充 1 的图层　　　　图 7-3-34 图层 1 和图层 2 效果

案例小结

在"水晶字"这个案例中,主要掌握对通道进行计算的方法。"计算"命令可以将同一幅图像,或具有相同尺寸和分辨率的两幅图像中的两个通道进行合并,并将结果保存到一个新的图像或当前图像的新通道中,还可直接将结果转换成选区。通道间的计算能产生很多意想不到的效果,大家可以多加尝试。

单元小结

(1) 通道抠图的有关案例中,主要的技能应包括:新建通道、复制通道、从选区建立通道、将通道转成选区、色阶调整等操作。

(2) 通道制作各种字体效果的实例中,主要的技能应包括:新建通道、复制通道、从选区建立通道、将通道转成选区、通道间的计算、应用图像,等等操作。

(3) 利用蒙版进行图片合成的案例中,主要的技能应包括:蒙版的创建、蒙版的显示与关闭、蒙版的变换与修改等操作。

习　题

一、选择题

(1) 如需要新建一个通道，可单击下列（　　）按钮来完成。

A. 　　　　B. 　　　　C.

(2) 通道的数量取决于图像的（　　）。

A. 图像模式　　　　　　B. 图层　　　　　　C. 路径

(3) 按住（　　）键，单击通道，能将通道转成选区。

A. *Shift*　　　　　　B. *Alt*　　　　　　C. *Ctrl*

二、实训题

(1) 利用如习题图 1 所示的素材"花"，结合通道的知识，完成如习题图 2 所示的"爱情宣言"效果。

习题图 1　花　　　　　　　　　　习题图 2　"爱情宣言"效果

(2) 利用如习题图 3 所示的"风景"素材，运用通道知识，结合云彩滤镜功能，给图片增加"云彩"效果，如习题图 4 所示。

习题图 3　风景　　　　　　　　　习题图 4　"云彩"效果

(3) 利用如习题图 5 所示人物素材，使用蒙版工具和滤镜工具，给图片增加艺术边框的效果，如习题图 6 所示。

习题图 5　人物素材

习题图 6　边框效果

读书笔记

单元 8

滤镜的应用

本单元学习目标

● 会用【滤镜】菜单命令中几种常用命令
制作特殊艺术效果。

● 能综合利用【滤镜】命令制作特效。

任务8.1 熟悉【滤镜】的应用

■知识准备

　　滤镜是 Photoshop 中最神奇的部分，使用它弹指之间可使图片绚丽多彩、栩栩如生。本单元主要介绍 Photoshop 的常用滤镜。Photoshop 滤镜分为内置式和外挂式。外挂式滤镜种类繁多，需要另行安装。这里重点介绍内置式效果滤镜。Photoshop 滤镜都列在【滤镜】菜单中。下面按类别分别介绍一些常用滤镜及其效果。

　　1. 渲染滤镜

　　渲染滤镜在图像中创建 3D 形状、云彩图案、折射图案和模拟的光反射。也可在 3D 空间中操纵对象，创建 3D 对象（立方体、球面和圆柱），并从灰度文件创建纹理填充以产生类似 3D 的光照效果。在 Photoshop CS4 中，对如图 8-1-1 所示图片做渲染滤镜处理，效果如图 8-1-2 所示。以下滤镜属于渲染滤镜。

图 8-1-1　原图

　　【分层云彩】滤镜使用随机生成的介于前景色与背景色之间的值，生成云彩图案。

　　【纤维】滤镜使用前景色和背景色创建编织纤维的外观。

　　【镜头光晕】滤镜模拟亮光照射到相机镜头所产生的折射。

　　【云彩】滤镜在图像的前景色和背景色间随机地获取像素值，生成柔和的云彩图案。

图 8-1-2　渲染滤镜效果

　　2. 扭曲滤镜

　　扭曲滤镜将图像进行几何扭曲，创建 3D 或其他整形效果。在 Photoshop CS4 中，对如图 8-1-3 所示的图片进行扭曲滤镜处理的部分滤镜效果如图 8-1-4 所示。以下滤镜属于扭曲滤镜。

　　【扩散亮光】滤镜将图像渲染成像是透过一个柔和的扩散滤镜来观看的。

　　【玻璃】滤镜使图像显得像是透过不同类型的玻璃来观看的。

　　【海洋波纹】滤镜将随机分隔的波纹添加到图像表面，使图像看上去像是在水中。

　　【挤压】滤镜挤压选区。正值（最大值是 100%）将选区向中心移动；负值（最小值是 –100%）将选区向外移动。

【极坐标】滤镜根据选中的选项，将选区从平面坐标转换到极坐标，或将选区从极坐标转换到平面坐标。

【波纹】滤镜在选区上创建波状起伏的图案，像水池表面的波纹。

【切变】滤镜沿一条曲线扭曲图像。通过拖动框中的线条来指定曲线。

【球面化】滤镜通过将选区折成球形、扭曲图像以及伸展图像以适合选中的曲线，使对象具有3D效果。

【旋转扭曲】滤镜旋转选区，中心的旋转程度比边缘的旋转程度大。

【波浪】滤镜工作方式类似于"波纹"滤镜，但可进行进一步的控制。

【水波】滤镜根据选区中像素的半径将选区径向扭曲。

3. 模糊滤镜

模糊滤镜柔化选区或整个图像，这对于修饰非常有用。对如图8-1-5所示的图片进行模糊滤镜处理的部分滤镜效果如图8-1-6所示。

【模糊】和【进一步模糊】滤镜在图像中有显著颜色变化的地方消除杂色。【模糊】滤镜通过平衡已定义的线条和遮蔽区域的清晰边缘旁边的像素，使其变化显得柔和。【进一步模糊】滤镜的效果比"模糊"滤镜强。

【高斯模糊】滤镜使用可调整的量快速模糊选区。

图8-1-3　原图

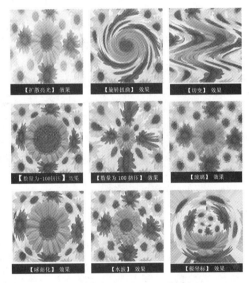

图8-1-4　扭曲滤镜效果图

图8-1-5　原图

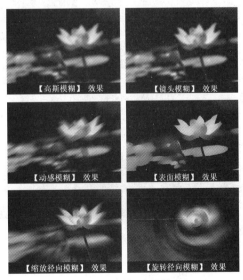

图8-1-6　模糊滤镜效果

【镜头模糊】滤镜向图像中添加模糊以产生更窄的景深效果，以便使图像中的一些对象在焦点内，而使另一些区域变模糊。

【动感模糊】滤镜沿指定方向（–360°～360°）以指定强度（1～999）进行模糊。

【径向模糊】滤镜模拟缩放或旋转的相机所产生的模糊效果，产生一种柔化的模糊。

【表面模糊】在保留边缘的同时模糊图像。

【特殊模糊】精确地模糊图像。可以指定半径、阈值和模糊品质。

4. 风格化滤镜

图 8-1-7　原图

风格化滤镜通过置换像素和查找并增加图像的对比度，在选区中生成绘画或印象派的效果，达到艺术家描绘的各种风格。对如图 8-1-7 所示的图片进行风格化滤镜处理的部分滤镜效果如图 8-1-8 所示。

【扩散】滤镜通过移动图像像素，从而达到图像的边界被处理成模糊的效果。

【浮雕效果】滤镜通过将选区的填充色转换为灰色，并用原填充色描画边缘，从而使选区显得凸起或压低。

【查找边缘】滤镜用显著的转换标识图像的区域，并突出边缘。

【照亮边缘】滤镜标识颜色的边缘，并向其添加类似霓虹灯的光亮。该滤镜可累积使用。

【曝光过度】滤镜混合负片和正片图像，模拟照片曝光的效果，处理后的图像色调很暗。

【拼贴】滤镜将图像分解为一系列拼贴，拼贴之间有一定的间隙。

【等高线】滤镜查找主要亮度区域的转换并为每个颜色通道淡淡地勾勒主要亮度区域的转换，以获得与等高线图中的线条类似的效果。

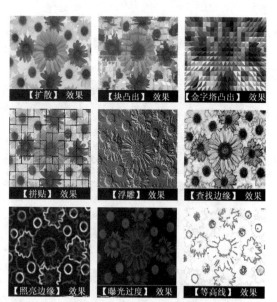

图 8-1-8　风格化滤镜效果

5. 素描滤镜

素描滤镜将纹理添加到图像上，通常用于获得 3D 效果。这些滤镜还适用于创建美术或手绘外观。在 Photoshop CS4 中，对如图 8-1-9 所示图片进行素描滤镜处理的部分滤镜效果如图 8-1-10 所示。

【半调图案】滤镜在保持连续的色调范围的

同时，模拟半调网屏的效果。

【基底凸显】滤镜变换图像，使之呈现浮雕的雕刻状和突出光照下变化各异的表面。图像的暗区呈现前景色，而浅色使用背景色。

【便条纸】滤镜创建的图像像是用手工制作的纸张构建的图像。

【粉笔和炭笔】滤镜将高光和中间色调重新绘制，并用粗糙粉笔绘制纯中间色调的灰色背景。

【铬黄】渲染图像，就好像它具有擦亮的铬黄表面，即产生一种金属效果。

图 8-1-9 原图

【炭精笔】滤镜在图像上模拟浓黑和纯白的炭精笔纹理。"炭精笔"滤镜在暗区使用前景色，在亮区使用背景色。

【水彩画纸】利用有污点的、像画在潮湿的纤维纸上的涂抹，使颜色流动并混合。

【撕边】滤镜重建图像，使之由粗糙、撕破的纸片状组成，然后使用前景色与背景色为图像着色。

【图章】滤镜简化图像，使之看起来就像是用橡皮或木制图章创建的一样。

【炭笔】滤镜产生色调分离的涂抹效果。主要边缘以粗线条绘制，而中间色调用对角描边进行素描。炭笔是前景色，背景是纸张颜色。

【绘图笔】滤镜使用细的、线状的油墨描边以捕捉原图像中的细节。

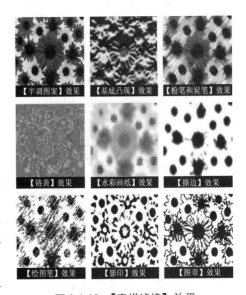

图 8-1-10 【素描滤镜】效果

【塑料效果】滤镜按 3D 塑料效果塑造图像，然后使用前景色与背景色为图像着色。

【网状】滤镜模拟胶片乳胶的可控收缩和扭曲来创建图像，使之在阴影下呈现结块状，在高光下呈现轻微颗粒化。

【影印】滤镜模拟影印图像的效果。大的暗区趋向于只复制边缘四周，而中间色调要么纯黑色，要么纯白色。

6. 纹理滤镜

纹理滤镜可模拟具有深度感或物质感的外观，或者添加一种器质外观，使图像看起来有凹凸感、深度感和质感。在 Photoshop CS4 中，对如图 8-1-11 所示的图片进行纹理滤镜处理的部分效果如图 8-1-12 所示，原图如图 8-1-11 所示。

【龟裂缝】滤镜将图像绘制在一个高凸显的石膏表面上，以循着图像等高线生成精细的网状裂缝。

图 8-1-11 原图

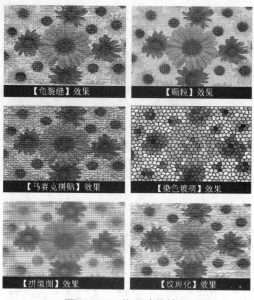

【颗粒】滤镜通过模拟不同种类的颗粒在图像中添加纹理。

【马赛克拼贴】滤镜渲染图像，使它看起来是由不规则、近似方形的马赛克瓷砖拼贴而成。

【染色玻璃】滤镜将图像重新绘制为用前景色勾勒的单色的相邻单元格。

【拼缀图】滤镜将图像分解为用图像中该区域的主色填充的正方形。

【纹理化】滤镜将选择或创建的纹理应用于图像。

图 8-1-12　纹理滤镜效果

■ 实践操作

基础实训 1　制作"雾起云涌"效果

设计目的：学会使用渲染滤镜制作特效。

操作要求：利用如图 8-1-13 所示的素材，创作出如图 8-1-14 所示的"雾起云涌"效果。

技能点拨：主要使用渲染滤镜及【图层混合模式】。

图 8-1-13　"雾"素材

图 8-1-14　雾起云涌

创作步骤

01 打开教学光盘＼素材＼单元 8＼雾 .jpg 文件。

02 单击图层面板下的创建新图层按钮 ⬛，添加新的图层。双击新添加的图层名称"图层 1"，将其重新命名为"雾"。

03 单击工具栏中的切换前景色和背景色按钮 ↰，使前景色为白色，背景色为黑色。

04 选择菜单命令【滤镜】/【渲染】/【云彩】，形成云彩，如图 8-1-15 所示。可使用组合键 *Ctrl* + *F* 再次执行该滤镜命令，反复使用直到出现需要的效果。

图 8-1-15　滤镜形成的云彩效果

05 将"雾"图层的混合模式改为"强光"，如图 8-1-16 所示，使其更自然地形成雾笼罩的效果，如图 8-1-17 所示。

图 8-1-16　混合模式改为强光

图 8-1-17　雾笼罩效果

06 选择工具箱中的【橡皮擦】工具 ⬛，单击【画笔预设】按钮，在弹出的面板中选择"喷枪柔边圆 65"，如图 8-1-18 所示。删除雾中黑色的部分，效果如图 8-1-19 所示。

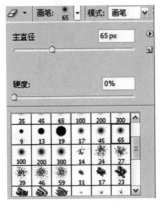

图 8-1-18　画笔预设

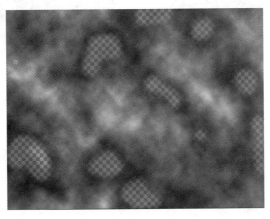

图 8-1-19　删除较暗部分的雾效

07 这样就得到了雾起云涌的效果，如图 8-1-20 所示。选择菜单栏中的【文件】/【存储】命令，将其命名为"雾起云涌.psd"进行保存。

案例小结

在"雾起云涌"这个实例中，主要通过渲染滤镜及更改图层混合模式来形成自然的雾效，达到雾起云涌的效果。本实例中将图层"雾"的混合模式设置为"强光"，若将其设置为"滤色"，也可以形成不同的雾的效果，大家可以进行尝试。

图 8-1-20 "雾起云涌"效果

基础实训2 制作"五彩霓虹灯"效果

设计目的： 掌握模糊（高斯模糊）滤镜、风格化（查找边缘）滤镜、其他（最大值）滤镜的使用。

操作要求： 利用如图 8-1-21 所示的素材和风格化滤镜等命令制作出如图 8-1-22 所示的五彩霓虹灯效果。

技能点拨：【高斯模糊】滤镜、【查找边缘】滤镜、【最大值】滤镜、模糊工具、反相等命令。

图 8-1-21 素材

图 8-1-22 效果图

创作步骤

01 打开教学光盘＼素材＼单元8＼五彩霓虹灯.jpg 文件，选择菜单命令【滤镜】/【模糊】/【高斯模糊】，在弹出来的对话框中设置【半径】为"1.0"像素，如图 8-1-23 所示。

图 8-1-23　设置半径

02 选择菜单命令【滤镜】/【风格化】/【查找边缘】，将整个图像的轮廓勾勒出来，效果如图 8-1-24 所示。

03 使用组合键 *Ctrl* + *I* 进行反向操作(菜单命令为【图像】/【调整】/【反相】)，效果如图 8-1-25 所示。

04 选择菜单命令【滤镜】/【其他】/【最大值】，在弹出的对话框中，设置【半径】值为"2"像素，以增强霓虹的效果，如图 8-1-26 所示。

05 最后使用工具栏中的【模糊】工具将图片模糊一下，最后的效果如图 8-1-27 所示。

图 8-1- 24　查找边缘后效果

图 8-1- 25　反相后效果

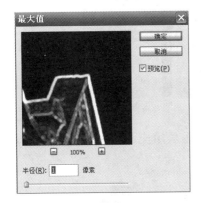

图 8-1-26　增强霓虹效果

图 8-1-27　五彩霓虹灯效果

案例小结

在"五彩霓虹灯"这个实例中，主要通过【滤镜】 / 【风格化】命令进行处理，从而将整个图像的轮廓勾勒出来。

基础实训3 制作"铜版雕刻"效果

设计目的：学会使用渲染滤镜和纹理滤镜制作特效。
操作要求：利用渲染滤镜命令制作出铜版雕刻的效果，如图8-1-28所示，表现出粗糙的人物轮廓图像。
技能点拨：【纹理】滤镜、【去色】、【渲染】滤镜。

图 8-1-28　铜版雕刻般的版画效果

创作步骤

01 打开教材配套光盘\素材\单元8\8-3-2.jpg文件，如图8-1-29所示。

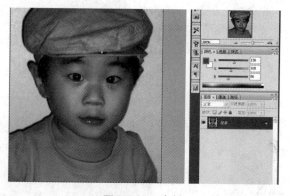

图 8-1-29　素材

02 先复制一个图层，再把背景图层填充为白色，如图8-1-30所示。

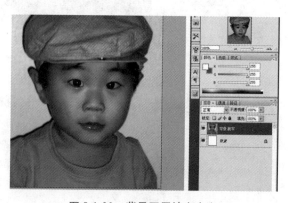

图 8-1-30　背景图层填充白色

03 选择菜单命令【图像】/【调整】/【去色】，把颜色去掉。使用【魔棒】工具把小孩选取，再新建一个图层把选取的小孩复制粘贴进去，如图 8-1-31 所示，完成步骤 01 ~ 03 之后将文件另存为 psd 的文件（文件名自定）。

04 新建一个图层，填充颜色为 "#886C56"，如图 8-1-32 所示。

05 选择菜单命令【滤镜】/【纹理】/【纹理化】，选择 "载入纹理"，"载入纹理" 选择上面刚保存的 psd 文件。适当调整纹理的参数，单击【确定】按钮便得到纹理效果图。

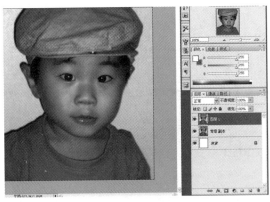

图 8-1-31　新图层中的小孩

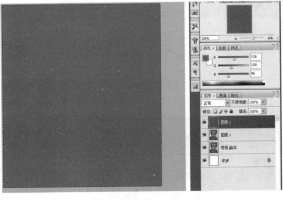

图 8-1-32　填充颜色

06 选择菜单命令【滤镜】/【渲染】/【光照】。【光照类型】选择 "全光源"，将光圈的直径拉大，将【属性】参数一栏的颜色选 "深黄色"，如图 8-1-33 所示，单击【确定】按钮便可得到铜版雕刻般的版画效果。

07 为了使画面看起来更有立体感，可重做一次光照效果处理，光源和其他参数可适当调整，最终效果如图 8-1-34 所示。

案例小结

在 "铜版雕刻般的版画效果" 这个实例中，主要通过利用渲染滤镜和纹理滤镜命令制作出铜版上雕刻的效果，表现出粗糙的人物轮廓图像。

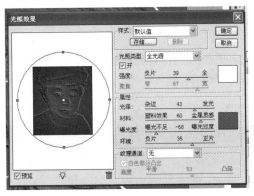

图 8-1-33　光照参数设置

图 8-1-34　铜版雕刻般的版画效果

基础实训 4　制作"灯笼字"特效

图 8-1-35　"灯笼字"效果

设计目的：学会使用扭曲滤镜制作特效。
操作要求：利用扭曲（球面化）滤镜命令制作出如图 8-1-35 所示的"灯笼字"效果。
技能点拨：【扭曲】滤镜。

■■ 创作步骤 ■■■■■■■■■■■

图 8-1-36　填充渐变色

图 8-1-37　在圆形里加字后的效果

01 新建一个文档，名称为"灯笼字"，画布大小为 1024×768 像素，RGB 模式，分辨率为 72 像素 / 英寸，背景颜色为黑色。

02 新建一个图层，命名为"球形"，在球形图层里选择【椭圆选框工具】。按住 *Shift* 键在球形图层里创建一个圆形选区。

03 在工具栏中选择【渐变】工具，设置方式为"径向渐变"，打开【渐变编辑器】，编辑渐变颜色为从白到红。拖动鼠标填充颜色，如图 8-1-36 所示。

04 取消选区，在渐变圆形图案里加上字体，字体颜色为"黄色"，大小适合圆形即可，文字样式为"华文行楷"，效果如图 8-1-37 所示。

05 选择"文字图层"，右击出现快捷菜单，选择【栅格化文字】选项，如图 8-1-38 所示。

06 按住 *Shift* 键，单击选定"球形"图层和"图"图层，两个图层选定后右击鼠标出现快捷菜单，选择【合并图层】项，如图 8-1-39 所示。

07 选择合并后的图层，按住 *Ctrl* 键单击该图层，将选区载入，如图 8-1-40 所示。

08 选择菜单命令【滤镜】/【扭曲】/【球面化】，参数设置如图 8-1-41 所示。

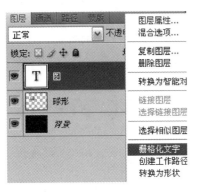

图 8-1-38 栅格化文字图层

图 8-1-39 合并图层

图 8-1-41 球面化处理

图 8-1-40 载入选区

09 球面化处理后的效果如图 8-1-42 所示。

10 其他文字按照上面的步骤来做，得到灯笼字的最终效果，如图 8-1-43 所示。

图 8-1-42 球面化处理后的效果

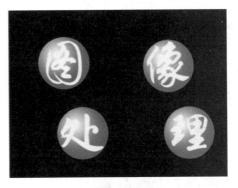

图 8-1-43 灯笼字效果

案例小结

在 "灯笼字效果" 这个实例中，主要通过利用扭曲（球面化）滤镜命令制作出球形效果字。

拓展实训 1 制作"水墨画"效果

设计目的：学会模糊（高斯模糊）滤镜、【画笔描边】（喷溅）滤镜的使用。

操作要求：利用【高斯模糊】滤镜和【喷溅】滤镜等命令制作出如图 8-1-44 所示的水墨画效果。

技能点拨：【高斯模糊】滤镜、【喷溅】滤镜、【曲线】、【亮度/对比度】等命令。

图 8-1-44 水墨画效果

■ 创作步骤

01 打开教学光盘\素材\单元 8\8-3-10.jpg 文件，复制背景图层，得到新图层 1。

02 对"图层 1"执行菜单命令【图像】/【调整】/【去色】命令，得到如图 8-1-45 所示效果。

03 对"图层 1"执行菜单【图像】/【调整】/【反相】命令，得到如图 8-1-46 所示效果。

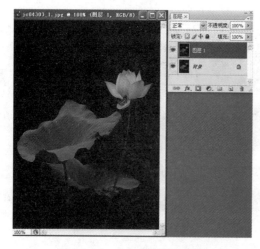

图 8-1-45 去色处理后的效果

图 8-1-46 反相处理后的效果

04 对"图层 1"执行菜单命令【滤镜】/【模糊】/【高斯模糊】，设置【半径】为"1.6"像素，得到如图 8-1-47 所示效果。

05 选择菜单命令【滤镜】/【画笔描边】/【喷溅】，设置如图 8-1-48 所示。

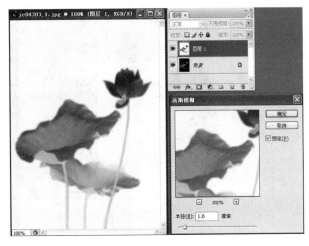

图 8-1-47 高斯模糊处理及效果　　图 8-1-48 喷溅设置

06 单击【确定】按钮，得到如图 8-1-49 所示的喷溅效果。

07 改变"图层 1"的混合模式为"明度"，如图 8-1-50 所示。

图 8-1-49 喷溅效果　　图 8-1-50 设置图层混合模式为明度

08 对"图层 1"执行菜单命令【图像】/【调整】/【曲线】命令（将图像调暗），如图 8-1-51 所示。

09 曲线调整后的效果，如图 8-1-52 所示。

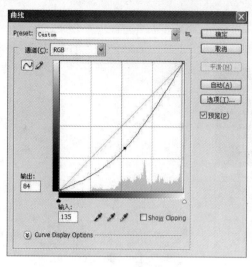

图 8-1-51 曲线调整

图 8-1-52 曲线调整后的效果

10 对背景图层执行菜单命令【图像】/【调整】/【亮度／对比度】命令，（将亮度／对比度调低）设置如图 8-1-53 所示。

11 单击【确定】按钮，得到水墨画的最终效果，如图 8-1-54 所示。

图 8-1-53　亮度／对比度调整

图 8-1-54　水墨画效果

案例小结

　　在"水墨画效果"这个实例中，主要通过模糊滤镜、【画笔描边】滤镜形成喷溅效果，并辅助【曲线】、【图层混合模式】和【亮度／对比度】命令实现水墨画效果。

拓展实训2　制作"红红幕布"效果

设计目的：掌握渲染（云彩、纤维）滤镜、模糊（动感模糊、高斯模糊）滤镜、扭曲（极坐标）滤镜的使用。

操作要求：利用多种滤镜命令制作出如图 8-1-55 所示的幕布效果。

技能点拨：【云彩】滤镜、【纤维】滤镜、【动感模糊】滤镜、【高斯模糊】滤镜、【极坐标】滤镜、【自由变换】等命令。

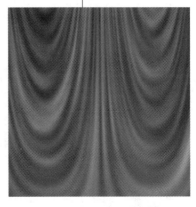

图 8-1-55　幕布效果

创作步骤

01 新建一个 666×666 像素、RGB 模式、分辨率 72 像素/英寸的文件。新建"图层 1"，按字母 **D** 键，把前景色、背景颜色恢复到默认的黑白色，选择菜单命令【滤镜】/【渲染】/【云彩】，效果如图 8-1-56 所示。

02 选择菜单命令【滤镜】/【渲染】/【纤维】，效果如图 8-1-57 所示。

03 选择菜单命令【滤镜】/【模糊】/【动感模糊】，参数设置如图 8-1-58 所示。

图 8-1-56　云彩效果

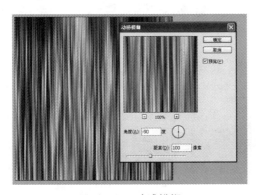

图 8-1-58　动感模糊

图 8-1-57　纤维效果

04 选择菜单命令【滤镜】/【模糊】/【高斯模糊】，参数设置如图 8-1-59 所示。

05 选择菜单命令【滤镜】/【扭曲】/【极坐标】，参数设置如图 8-1-60 所示，效果如图 8-1-61 所示。

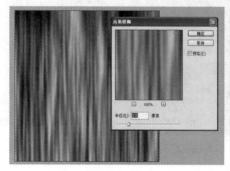

图 8-1-59　高斯模糊　　　　　图 8-1-60　极坐标参数设置　　　　图 8-1-61　极坐标效果

06 选择菜单命令【编辑】/【变换】/【垂直翻转】，确定后再双击"图层 1"，弹出【图层样式】对话框，选择【颜色叠加】，参数设置如图 8-1-62 所示。

07 单击【确定】按钮，得到幕布效果，如图 8-1-63 所示。

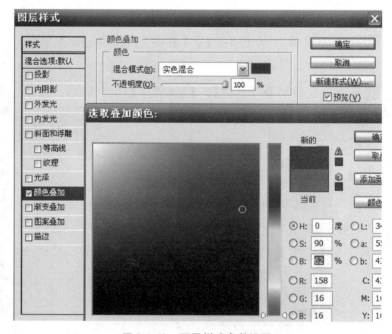

图 8-1-62　图层样式参数设置

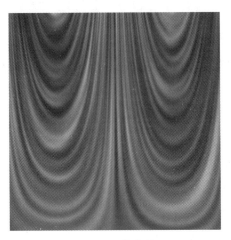

图 8-1-63 幕布效果

拓展实训 3 制作"爆炸的干裂地表"效果

设计目的：学会风格化（风）滤镜、扭曲（极坐标）滤镜等滤镜的使用。

操作要求：利用几种滤镜命令的结合制作出如图 8-1-64 所示的爆炸效果。

技能点拨：【风】滤镜、【球面化】滤镜、【极坐标】滤镜、【色彩平衡】、【色相饱和度】、旋转画布等。

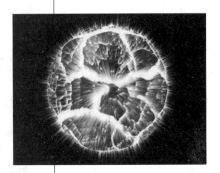

图 8-1-64 地表爆炸效果

创作步骤

01 打开教学光盘\素材\单元 8\8-3-7.jpg 文件，如图 8-1-65 所示。

02 在 Photoshop 中新建一个 600×450 像素、RGB 模式、分辨率 72 像素／英寸、背景为黑色的文档，并命名为"爆炸效果"。

03 按 **D** 键将前景色重置为默认的黑色，然后按 **Alt** + **Del** 组合键将背景图层填充为黑色。

04 将打开的素材进行反相（组合键为 **Ctrl** + **I**），使裂缝颜色变白。选择【椭圆选框】工具，在素材图片上拖出正圆选区。复制该选区内容到"爆炸效果"文档中，将

图 8-1-65 素材

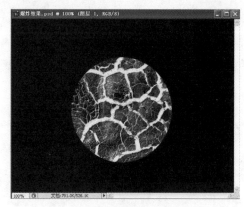

图 8-1-66　粘贴后的效果

粘贴后生成的新图层命名为"素材图片",如图 8-1-66 所示。

05 选择菜单命令【滤镜】/【扭曲】/【极坐标】,选择【极坐标到平面坐标】选项,如图 8-1-67 所示。

06 选择菜单命令【图像】/【旋转画布】/【90 度(顺时针)】,效果如图 8-1-68 所示。

07 选择素材图片图层,按 Ctrl + E 组合键向下合并图层。

08 选择菜单命令【滤镜】/【风格化】/【风】,参数设置如图 8-1-69 所示,设置后效果如图 8-1-70 所示。然后选择菜单命令【图像】/【旋转画布】/【90 度(逆时针)】,将画布逆时针旋转 90 度,使之恢复原来的状态。

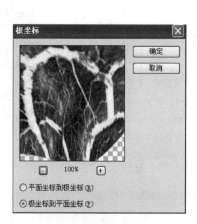

图 8-1-67　极坐标设置

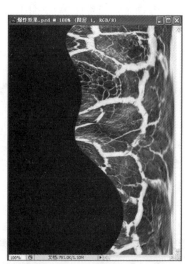

图 8-1-68　旋转画布后效果

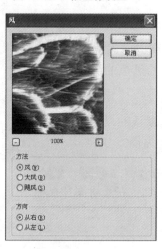

图 8-1-69　【风】参数设置

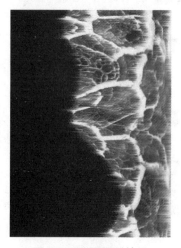

图 8-1-70　设置后效果

09 选择菜单命令【滤镜】/【扭曲】/【极坐标】，此次选择【平面坐标到极坐标】选项，将地表球形形状还原回来，效果如图 8-1-71 所示。

10 选择菜单命令【图像】/【调整】/【色相与饱和度】，再选择菜单命令【图像】/【调整】/【色彩平衡】，调整后得到如图 8-1-72 所示的地表爆炸效果。

案例小结

在"干裂地表爆炸"效果这个实例中，主要通过综合运用【风格化】滤镜、【球面化】滤镜、【极坐标】滤镜、色彩平渐、色相饱和度修改和旋转画布等命令实现其效果。

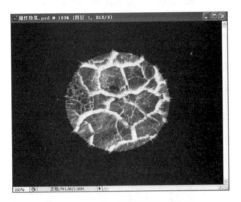

图 8-1-71 还原星球形状效果

图 8-1-72 地表爆炸效果

拓展实训 4 制作"红色拉丝"效果

设计目的：掌握渲染（镜头光晕）滤镜、像素化（铜版雕刻）滤镜、模糊（径向模糊）、扭曲（旋转扭曲、波浪）滤镜的使用。

操作要求：利用多种滤镜命令制作出如图 8-1-73 所示的"红色拉丝"效果。

技能点拨：【镜头光晕】滤镜、【铜版雕刻】滤镜、【径向模糊】滤镜、【旋转扭曲】滤镜【波浪】滤镜、图层混合模式、【色相/饱和度】等命令。

图 8-1-73 红色拉丝效果图

创作步骤

01 新建文件，大小为 500×500 像素，分辨率为 72 像素/英寸，8 位 RGB 颜色模式，背景内容为白色。

02 按 D 键将前景色重置为默认的黑色，然后按 Alt + Del 组合键将背景图层填充为黑色。

03 选择菜单命令【滤镜】/【渲染】/【镜头光晕】，在【镜头光晕】对话框中保持默认设置，将光晕设置在"画布中心"，如图 8-1-74 所示。

04 再次选择菜单命令【滤镜】/【渲染】/【镜头光晕】，仍保持默认设置，只是这次把光晕中心设置在如图 8-1-75 所示位置。

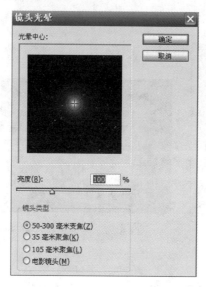

图 8-1-74　镜头光晕设置　　　　图 8-1-75　调整镜头光晕中心位置

05 继续重复上面的步骤数次，直到得到如图 8-1-76 所示的 9 个光晕中心。

06 选择菜单命令【图像】/【调整】/【色相/饱和度】，设置参数如图 8-1-77 所示，这样就实现了图像的去色处理。

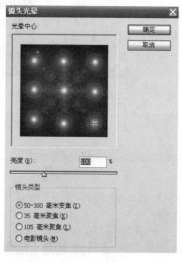

图 8-1-76　共 9 个光晕中心　　　　图 8-1-77　图像去色

07 选择菜单命令【滤镜】/【像素化】/【铜版雕刻】，设置如图 8-1-78 所示。

08 选择菜单命令【滤镜】/【模糊】/【径向模糊】，设置如图 8-1-79 所示。

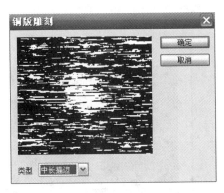

图 8-1-78 铜版雕刻

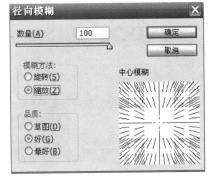

图 8-1-79 径向模糊

09 使用组合键 *Ctrl* + *F* 三次，重复刚才的【径向模糊】滤镜。这样就把看上去比较粗糙的画面变平滑了。

10 现在为图像加一些颜色。使用组合键 *Ctrl* + *U* 打开【色相/饱和度】对话框，设置如图 8-1-80 所示。

11 使用组合键 *Ctrl* + *J* 复制一个图层。在图层面板中将新图层的混合模式改为"变亮"。

12 选择菜单命令【滤镜】/【扭曲】/【旋转扭曲】，设置如图 8-1-81 所示。

图 8-1-80 色相/饱和度上色

13 按 *Ctrl* + *J* 组合键再复制一个图层，仍使用菜单命令【滤镜】/【扭曲】/【旋转扭曲】，设置如图 8-1-82 所示。

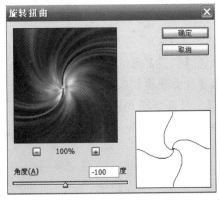

图 8-1-81 扭曲处理

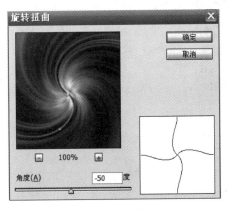

图 8-1-82 扭曲处理

14 选择菜单命令【滤镜】/【扭曲】/【波浪】，设置如图 8-1-83 所示。

15 单击【确定】按钮，这样就得到了一幅抽象的红色拉丝效果，如图 8-1-84 所示。如果需要改变颜色，可以先将这些图层合并，然后使用组合键 **Ctrl** + **U** 调整色相／饱和度得到不同颜色的拉丝效果。

案例小结

在"红色拉丝"这个实例中，主要通过综合运用各种滤镜效果，如【镜头光晕】滤镜、【铜版雕刻】滤镜、【旋转扭曲】滤镜、【波浪】滤镜、【径向模糊】滤镜、并结合图层混合模式及颜色调整命令来完成效果。

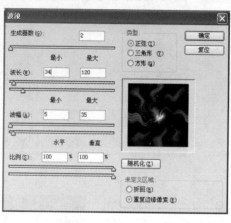

图 8-1-83 设置波浪效果

图 8-1-84 红色拉丝效果

任务8.2 技能巩固与提高

提高训练 制作"彩虹围巾"效果

图 8-2-1 彩虹围巾效果

设计目的：掌握模糊（高斯模糊）滤镜、风格化（风）滤镜、像素化（铜版雕刻）滤镜、素描（半调图案）滤镜、扭曲（切变、挤压）滤镜的使用。

操作要求：利用多种滤镜命令制作出如图 8-2-1 所示的彩虹围巾效果。

技能点拨：【高斯模糊】滤镜、【风】滤镜、【铜版雕刻】滤镜、【半调图案】滤镜、【切变】滤镜、【挤压】滤镜、【加深减淡】工具、【自由变换】工具、【涂抹】工具、【渐变】工具、【图层混合模式】、【色彩范围】、【图层样式】等命令。

■ 创作步骤 ■

01 新建 15 厘米 ×20 厘米、RGB 模式、分辨率为 200 像素 / 英寸、背景色为白色的画布。

02 新建"图层 1",填充颜色 (颜色可任选)。选择菜单命令【图层】/【图层样式】/【渐变叠加】,在弹出的对话框中将【角度】设置为"180"度或"360"度。单击渐变项,在【渐变编辑器】对话框中将【渐变类型】设置为"杂色",【粗糙度】设置为"100%",在【选项】一栏中勾选"限制颜色"一项,然后可以多单击几次【随机化】按钮,选出自己喜欢的色彩。各项参数设置如图 8-2-2 和图 8-2-3 所示。

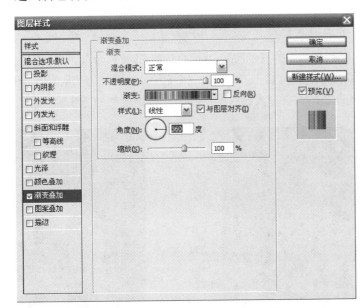
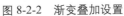

图 8-2-2　渐变叠加设置

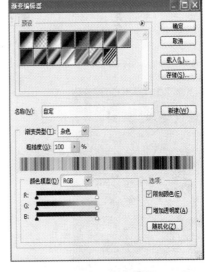

图 8-2-3　渐变设置

03 单击【确定】按钮,得到如图 8-2-4 所示的效果。

04 复制"图层 1"两次,得到"图层 1 副本"、"图层 1 副本 2",暂时将图层 1 的两个副本隐藏。选择"图层 1"为当前层,选择菜单命令【滤镜】/【模糊】/【高斯模糊】,在弹出的对话框中,将【半径】设置为"19 像素",单击【确定】按钮,得到如图 8-2-5 所示效果。

图 8-2-4　渐变叠加后的效果　图 8-2-5　图层 1 高斯模糊效果

05 选择"图层 1 副本"为当前层,选择菜单命令【滤镜】/【风格化】/【风】,在弹出的对话框中,将【方法】设置为"飓风",将【方向】设置为"从右",在图层面板上将此图层的混合模式设置为"溶解",效果如图 8-2-6 所示。

06 选择"图层 1 副本 2"为当前层,选择菜单命令【滤镜】/【像素化】/【铜版雕刻】,在弹出的对话框中,将【类型】设置为"长线",在图层面板上将此图层的混合模式设置为"柔光",效果如图 8-2-7 所示。

07 新建"图层 2",将前景色设置为白色(R 为 0,G 为 0,B 为 0),背景色设置为黑色(R 为 255,G 为 255,B 为 255),将此图层填充任意颜色,选择菜单命令【滤镜】/【素描】/【半调图案】,在弹出的对话框中,将【大小】设置为"12",【对比度】设置为"18",【图案类型】设置为"网点"。

08 选择菜单命令【选择】/【色彩范围】,在弹出的对话框中选择"白色",确定后按 *Del* 键删除白色部分。

09 选择菜单栏上的【滤镜】/【风格化】/【风】命令,在弹出的对话框中,将【方法】设置为"飓风",将【方向】设置为"从右",图层面板上将此图层的混合模式设置为"柔光",得到效果如图 8-2-8 所示。

图 8-2-6 图层 1 副本处理后的效果

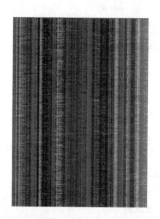

图 8-2-7 图层 1 副本 2 处理后的效果

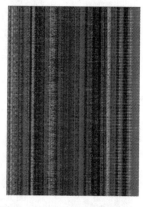

图 8-2-8 图层 2 设置后的效果

10 合并除背景层外的所有图层为"图层 1"。用【选框】工具,选出需要的围巾图案部分,其余裁切掉。选择菜单命令【编辑】/【自由变换】,缩放至合适大小,复制得到图层 1 副本并隐藏,如图 8-2-9 所示。

11 选择"图层 1"为当前层,选择菜单命令【滤镜】/【扭曲】/【切变】,在弹出的对

图 8-2-9 隐藏图层 1 副本

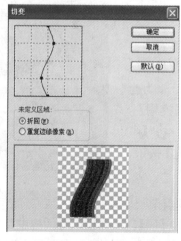

图 8-2-10 切变设置

话框中，拖动关键点，使画面轻微扭曲，如图 8-2-10 所示，单击【确定】按钮，得到切变效果如图 8-2-11 所示。

12 复制"图层 1"得到"图层 1 副本 2"，并暂时隐藏所有图层，如图 8-2-12 所示。

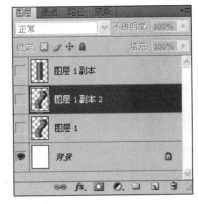

图 8-2-11 切变效果　　图 8-2-12 暂时隐藏所有图层

13 新建"图层 3"，用【矩形选框】工具拉出一条细长型选框。选择【渐变】工具，在工具属性栏上单击【渐变编辑器】，将色标数目设为"3 个"，依次为灰、白、灰，如图 8-2-13 所示，单击【确定】按钮，然后在选框中拉出一个线性渐变，如图 8-2-14 所示。

14 将两个扭曲过的围巾图层（图层 1 和图层 1 副本 2）显示，选择菜单命令【编辑】/【自由变换】命令，缩放至合适大小与位置，并将接头处理好，如图 8-2-15 所示。

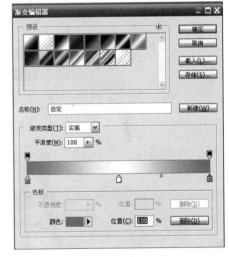

图 8-2-13 编辑渐变色

图 8-2-14 线性渐变填充

15 暂时隐藏围巾主体与横杆图层，选择"图层 1 副本"。选择菜单命令【编辑】/【自由变换】（组合键为 Ctrl + T ），横向缩小，使其细长，并复制其一小段，变换后与细长条呈十字交叉，如图 8-2-16 所示。

16 选择横条所在图层为当前层，按住 Ctrl 键，单击此图层，产生选区。选择菜单栏上的【滤镜】/【扭曲】/【球面化】命令，在弹出的对话框中，将【数量】设置为"100%"。用【多边形选择】工具将多余的部分裁切掉，

图 8-2-15 将两个图层上的围巾接合

用【自由变换】工具将圆形缩放至合适大小，处理后效果如图8-2-17所示。

17 用【变形】工具将细条中间的位置紧缩，然后合并两个图层，作为围巾穗子，如图8-2-18所示。

图8-2-16　细长条十字交叉　图8-2-17　横条球面化处　图8-2-18　横条和竖条处理
　　　　　　　　　　　　　　　　　　理后效果

18 多复制几个穗子图层，选择菜单命令【滤镜】/【扭曲】/【切变】，在弹出的对话框中，拖动关键点，使画面轻微扭曲成各种样式，如图8-2-19所示。

19 打开所有图层，选择菜单命令【编辑】/【自由变换】（组合键为 *Ctrl* + *T*），将穗子缩放至合适大小与位置，在工具栏上选择大小合适【涂抹】工具，强度调至47%并将接头处理好，如图8-2-20所示。

图8-2-19　切变处理后效果　　　　　图8-2-20　穗子处理

20 将围巾主体部分再进行一下扭曲，使其看起来柔软。利用【选择】工具在围巾主体部分随意创建选区，选择菜单栏上的【滤镜】/【扭曲】/【挤压】，在弹出的对话框中将【数量】设置在"70%"左右，如此可做3～4个。最后在工具栏上选择大小、压力合适的【加深减淡】工具，对围巾再做一下修饰，得到最后的围巾效果如图8-2-21所示。

图　8-2-21　围巾效果

案例小结

　　在"彩虹围巾效果"这个实例中，主要通过利用多种滤镜命令制作出彩虹围巾效果，综合运用了【高斯模糊】、【风】、【铜版雕刻】、【半调图案】、【切变】、【挤压】、【加深减淡】工具、【自由变换】、【涂抹】工具、【渐变】工具、【图层混合模式】、【色彩范围】、【图层样式】等命令。

单元小结

　　本单元主要讲解了 Photoshop 中最神奇的部分——滤镜。Photoshop 的内置滤镜包括渲染滤镜、扭曲滤镜、模糊滤镜、风格化滤镜、素描滤镜和纹理滤镜等大类。并用了十个例子介绍了各种滤镜在实际案例中的应用。学习滤镜的关键并不是仅仅掌握滤镜的操作，而在于如何在实际项目中运用滤镜展现创意，甚至是引导创意。希望十个案例能够给出一点提示和启发。

习　　题

一、火焰字

　　设计目的：掌握风格化滤镜的使用。
　　操作要求：利用风格化滤镜命令制作出如习题图 1 所示的燃烧字效果。
　　技能点拨：风格化滤镜、扭曲滤镜、图像模式。

二、草地绿油油

　　设计目的：掌握风格化（飓风）、渲染（纤维）滤镜的使用。
　　操作要求：利用风格化滤镜和渲染滤镜等命令制作出如习题图 2 所示的草地效果。
　　技能点拨：【飓风】滤镜、【纤维】滤镜、【旋转画布】等命令。

习题图 1　燃烧字效果　　　　习题图 2　草地效果

读书笔记

单元9

综 合 训 练

本单元学习目标

● 熟练点阵绘图。
● 熟练图像的抠取。
● 熟练图层的综合应用。
● 熟练画笔的设置和运用。
● 熟练字符段落的处理。
● 学会矢量绘图。
● 熟练用通道和蒙版合成图像的方法和
  技巧。
● 熟练通过滤镜创作各种材质效果的方法。
● 掌握鼠绘的操作。
● 加深对图像创意合成的了解。

任务9.1 制作"移花接木"效果

任务介绍：利用磨皮技术制作一张光滑的脸，与本来粗糙的脸进行对比，外加两个纹理做出夸张的粗糙效果，并利用拉链进行过渡。此例美与丑的对比给予大家一个强烈的视觉冲击，这是 PS 处理的常用技巧。

设计目的：制作风格人物照片。

操作要求：用选区、变换、图层和效果修饰等操作，利用如图 9-1-1 所示的素材，制作虚假伪装的脸，效果如图 9-1-2 所示。

技能点拨：磨皮、【图层混合模式】应用。

   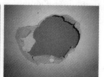

(a) 素材 1   b) 素材 2   (c) 素材 3   (d) 素材 4

图 9-1-1   素材

图 9-1-2   效果图

▌创作步骤

01 打开教学光盘\素材\单元 9\9.1 脸的"素材 1.jpg"、"素材 2.jpg"、"素材 3.jpg"和"素材 4.jpg"文件。把"素材 1.jpg"利用【裁剪】工具剪出适当的大小，如图 9-1-3 所示。

02 使用组合键 *Ctrl* + *J* 复制"背景"图层，然后对复制层进行磨皮处理。典型的磨皮方法是：复制图层，对新图层进行【高斯模糊】处理，再调整【曲线】，调为高明亮度，再利用蒙版将需要显示清晰的地方用【画笔】工具画黑，把完成磨皮效果的图层进行合并，效果如图 9-1-4 所示。

03 把素材文件"素材 2.jpg"中的拉链抠选出来，并粘贴到此文档，如图 9-1-5 所示。

04 对拉链进行【自由变换】等处理，调整好拉链的形状和位置，如图 9-1-6 所示。

05 给"背景副本"图层添加蒙版，用【画笔】把粗糙的脸部分涂抹为黑色，将其显示出来，如图 9-1-7 所示。

06 在"背景"层上新建图层，对图层填充"50% 灰色"，设置模式为"颜色"，并设置"50%"的不透明度，如图 9-1-8 所示。

07 将"素材 3.jpg"复制并粘贴进本文档。对素材做去色，组合键为 Ctrl + Shift + U，把模式改为"强光"，如图 9-1-9 所示。

08 把纹理素材复制移至左上角脑门位置。添加蒙版并用黑色画笔在蒙版上擦除不要的部分，如图 9-1-10 所示。

图 9-1-3　裁剪后的图片 1　　图 9-1-4　磨皮效果

图 9-1-5　置入拉链　　图 9-1-6　调整拉链位置和形状

09 将"素材 4"粘贴入此文档。调整适当的大小，把模式改为"颜色加深"。添加蒙版，用黑色画笔擦除不要的部分，如图 9-1-11 所示。

10 把所有素材调整好后，制作效果就差不多了。最后增加亮度/对比度，如图 9-1-12 所示。

图 9-1-7　添加蒙版　　图 9-1-8　添加颜色图层 1　　图 9-1-9　植入纹理　　图 9-1-10　调整植入的纹理

本任务主要应用选区、变换、图层蒙版和效果修饰等操作，制作虚假伪装的脸，灵活使用图层的混合模式达到以假乱真的效果。

图 9-1-11 置入"素材 4" 　　　图 9-1-12 调整亮度/对比度

任务9.2 合成"苹果易拉罐"

任务介绍：本任务利用 4 个无关联的素材，合成一个现实中不存在的实物，让人眼前一亮，达到一定的创意效果。

设计目的：学会利用多个图像合成一张奇异的图片，如图 9-2-1 所示的素材和图 9-2-2 所示的效果图。

操作要求：能准确地选择选区，能熟练使用图章仿制工具、蒙版工具。

技能点拨：【图章仿制】、【蒙版】技巧。

图 9-2-1 素材 　　　图 9-2-2 "苹果易拉罐饮料"效果图

创作步骤

01 打开教学光盘\素材\单元 9\9.2 PS 合成真实的苹果易拉罐的"可乐瓶.jpg"、"苹果.jpg"、"水珠 1.jpg"和"水珠 2.jpg"素材，如图 9-2-3 所示。

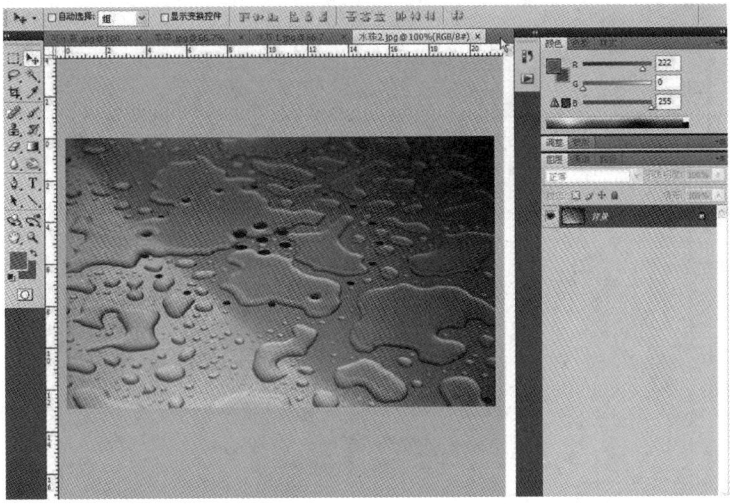

图 9-2-3 打开的素材

02 拖动窗口上“苹果”和“可乐”的标签，使两个图片在独立窗口中显示。单击“可乐瓶”窗口的标签，将其激活为当前窗口，选择魔术棒工具，在可乐图周围空白的地方单击一下，观查一下白色背景部分有没有全部选中。更改属性栏的容差后再单击空白的地方，直到空白部分全部选择正确为止，如图 9-2-4 所示。

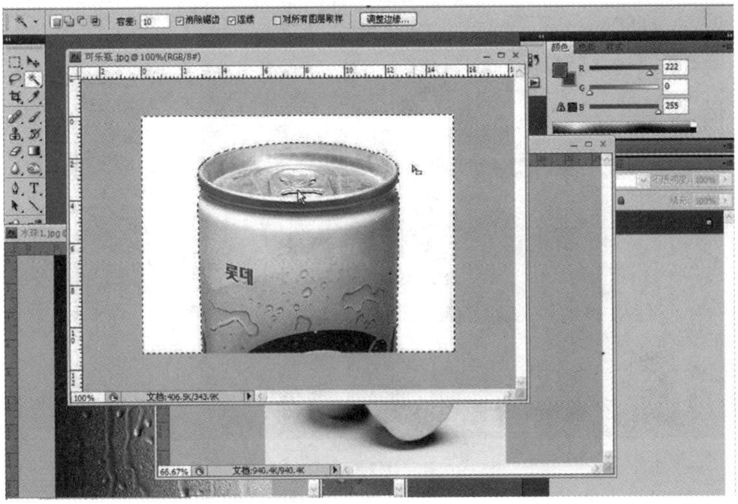

图 9-2-4 魔术棒选背景图

03 使用组合键 Ctrl + Shift + I 进行【反向】选择，得到可乐瓶的选择范围，用移动工具把可乐图拖动到苹果图中，如图 9-2-5 所示。

图 9-2-5　可乐图位置

04 单击菜单栏的【编辑】/【自由变换】命令,把可乐瓶变成和苹果差不多大小。单击图层面板上的 ▣ 按钮,给当前层添加蒙版,如图 9-2-6 所示。

图 9-2-6　添加蒙版示意图

05 单击"图层 1"上的蒙版图标 ▢,选择笔刷工具 ⬚,设置笔触为柔化的大小,设置当前色为"黑色"(点击,或按键盘上的 **D**),对需要隐藏的部分进行涂抹(注意笔触的大小调节可按"["或"]"键),如图 9-2-7 所示。

06 隐藏"图层 1",选中"背景层",选择【图章仿制】工具,单击相同高度的地方,在苹果叶子附近进行仿制,如图 9-2-8 所示。

图 9-2-7 蒙版修改效果

图 9-2-8 仿制效查

图 9-2-9 液化修改苹果后效图

07 显示"图层 1",观察苹果形状和可乐盖是否吻合,选中"背景层",单击菜单栏的【滤镜】/【液化】命令,对苹果进行适当修整,如图 9-2-9 所示。

08 单击"水珠 1"的窗口,用移动工具拖动"水珠"图片到苹果窗口中,将当前层混合模式设为"叠加",按 Ctrl + T 组合键,改变图片大小为苹果大小,如图 9-2-10 所示。

09 单击图层上的 按钮,给"图层 2"添加蒙版,选择 。设置前景色为黑色,设置柔化笔触,涂抹不需要的部分,如图 9-2-11 所示。

10 同理,把"水珠 2"的素材图片粘贴进本文档中来,设置当前层模式为"混合叠加"。调节图片大小,为当前层添加蒙版,选择笔刷工具 ,设置前景色为"黑色",设置"柔化笔触",涂抹不需要的部分,如图 9-2-12 所示。

图 9-2-10 图片叠加后效果

图 9-2-11 蒙版修改效果

任务小结

本实例主要使用了图层的叠加混合模式，使得水珠和苹果很好地融为一体。为了让两个图片混合，我们常需快速去掉素材的背景色而使用图层的混合模式。此外还有很多常用的图层混合模式，比如柔光、变化、线性减淡等，可以得到不同的混合效果。利用图层蒙版的功能使图片某部分隐藏，用这种方法修改图片不损坏原图，隐藏后还可以设为显示，同时边缘的过渡用灰色涂抹可以得到半透明的效果。通常用边缘柔化的笔触涂抹来实现去除图片边缘直线交叉的部分。

图 9-2-12 最终效果

任务9.3 创作"窗外美景"

任务介绍：窗外美景综合了绘图、色阶、图层混合模式、对比度、曲线等操作，是PS图像处理中不可缺少的部分。

设计目的：巩固绘图操作，通过调整图像色彩明暗度、饱和度以达到与环境相吻合的色彩效果。

操作要求：利用如图9-3-1所示的素材，用选区、图层混合模式、对比度和色彩调整等操作制作窗外景物，效果如图 9-3-2 所示。

技能点拨：【色阶】、【曲线】、【图层混合模式】的应用技巧。

图 9-3-1　素材

图 9-3-2　"窗外景"效果图

■ 创作步骤

01 新建文档，名称为"窗外景 .psd"，大小为 1000 像素 ×600 像素，颜色模式为 RGB 颜色，黑色背景，如图 9-3-3 所示。

02 打开教学光盘 \ 素材 \ 单元 9\9.3 窗外景 \ 窗 .jpg 文件，将它粘贴到"窗外景 .psd"，将此图层调整为居中对齐。执行【色阶】命令，参数设为"0，1.14，191"，效果如图 9-3-4 所示。

03 打开教学光盘 \ 单元 9\9.3 窗外景的"窗 1.jpg"素材，将它粘贴到"窗外景 .psd"，如图 9-3-5 所示，将此图层调整为与"窗"图层相吻合。将"窗 1"图层的混合模式设为"滤色"，效果如图 9-3-6 所示。

> **提 示**
>
> 在处理过程中把多余的图像内容删除

图 9-3-3　新建"窗外景"文档

图 9-3-4　执行色阶后的效果

04 新建图层，命名为"鸟群"。选择【钢笔】工具，路径形式。放大视图，在窗的中间绘制鸟的轮廓路径，如图 9-3-7 所示。在【路径】面板下，将路径转换为选区，然后选中"鸟群"图层，用黑色进行填充，如图 9-3-8 所示。重复这个步骤，绘制更多鸟的轮廓，转化为选区后，选择"鸟群"图层并用黑色填充，如图 9-3-9 所示。

图 9-3-5　置入"窗 1"素材

图 9-3-6　设置滤色后的效果

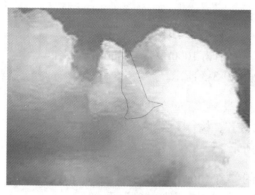

图 9-3-7　鸟的路径

图 9-3-8　上色

05 隐藏其他图层，在"鸟群"图层上面新建图层，命名为"窗叶"。选择【钢笔】工具，路径形式。放大视图，在窗的中间绘制窗叶的路径。在【路径】面板下，将路径转换为选区，然后选中"窗叶"图层，用黑色进行填充，如图 9-3-10 所示。

图 9-3-9　鸟群

图 9-3-10　窗叶轮廓

06 隐藏其他图层，选中"窗叶"图层，接着复制窗叶，并平均分布间距，如图 9-3-11 所示。

07 隐藏其他图层，在"窗叶"图层上面新建图层，命名为"花"。单击工具栏的【自定义形状】工具，选择路径形式，加载入"自然"类的形状预设，如图 9-3-12 所示。选择一种花的形状，在编辑区进行绘制，再使用【钢笔】工具绘制花盆，如图 9-3-13 所示。将这两个路径转化为选区，然后选中"花"图层，用黑色填充，如图 9-3-14 所示。

08 显示其他图层，将"花"进行变形调整，并将其移至窗台位置，如图 9-3-15 所示。

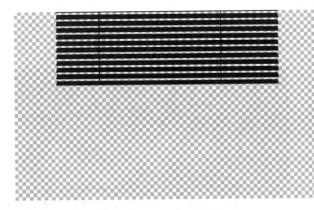

图 9-3-11　窗叶组合

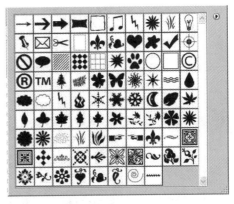

图 9-3-12　添加形状路径

图 9-3-13　绘制花路径

图 9-3-14　花上色

图 9-3-15　调整花的大小及位置

09 输入文字，字号设为"7点"，字体为"新宋体 -18030"，去掉加粗，如图 9-3-16 所示。

10 同理，打开"飞机 .png"和"绳索 .png"，将它们粘贴到"窗外景 .psd"文档中，并调整位置，如图 9-3-17 所示。

(a) 字体设置参数

(b) 字体设置后效果

图 9-3-16　字体设置

(a) 置入"绳索"、"飞机"素材图层

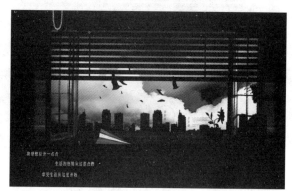

(b) 置入"绳索"、"飞机"素材后效果

图 9-3-17　置入"绳索"、"飞机"素材

提　示

以下步骤的目的是调整色彩。

11 选择"窗"图层，用【矩形选区】工具选择窗户比较明亮的图片区域，执行【曲线】命令进行调整，参数及效果如图 9-3-18 所示。

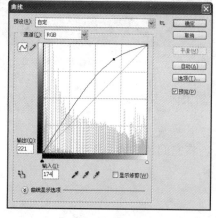

(a) 调整曲线参数

(b) 调整曲线后效果

图 9-3-18　调整曲线

12 选中"窗1"图层，执行【色彩平衡】命令进行调整。由于窗边与窗台颜色不协调，对窗两侧进行加红处理，参数如图9-3-19所示。

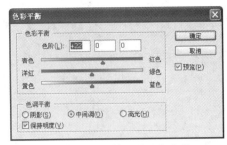

13 合并"飞机"、"窗叶"、"花"、"窗"、"窗1"的图层，将合并后的图层重命名为"窗户"。选择"窗户"图层，用【矩形选区】工具框选中间部分后，进行羽化选区"10"，如图9-3-20所示。然后进行反选，如图9-3-21所示。执行【亮度/对比度】命令进行调整，参数如图9-3-22所示，效果如图9-3-23所示。

图9-3-19 调整色彩平衡参数

图9-3-20 羽化矩形选区

图9-3-21 矩形选区反选

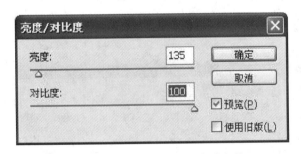

图9-3-22 调整亮度/对比度的参数

图9-3-23 调整亮度/对比度的效果

14 保存文档。

任务小结

本任务巩固了绘图操作，加强了色阶、对比度、曲线的应用，通过调整图像色彩明暗度、饱和度以达到与环境相吻合的色彩效果。本实例在调整色彩平衡的时候可以采用高光进行调整，让亮的色彩更亮，也可以专门针对暗调进行调整，让整个环境变得更协调、更逼真。

任务9.4 手绘手机

任务介绍：通过各种基本绘图手法绘制手机。

设计目的：通过对手机的手绘掌握手绘实物的能力以及综合应用各方面技术的能力。

操作要求：使用路径、填充图形、编辑变换、效果修饰等操作，制作手机，效果如图 9-4-1 所示。

技能点拨：【形状工具】、【路径选区】。

▮▮ 创作步骤

图 9-4-1 效果图

图 9-4-2 描绘形状

01 创建一个新的文件，大小为 1000×1400 像素，黑色背景。新建图层 1，选择【矩形】工具，路径模式，绘制一个圆角矩形，大小尺寸为 600×1000 像素。选用【钢笔】工具修改路径，直到达到预期的形状。将圆角矩形路径转为选区，选择"图层 1"，用黑色上色，如图 9-4-2 所示。

02 设置图层样式，创造钢制的效果，参数如图 9-4-3 ~ 图 9-4-5 所示，效果如图 9-4-6 所示。

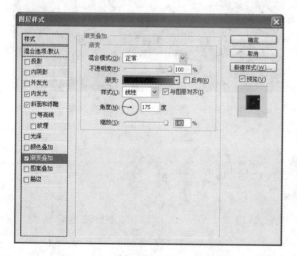

图 9-4-3 设置图层样式：渐变叠加

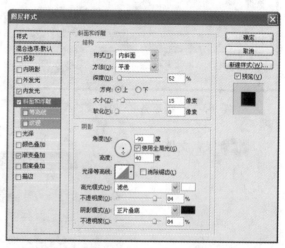

图 9-4-4 设置图层样式：斜面和浮雕

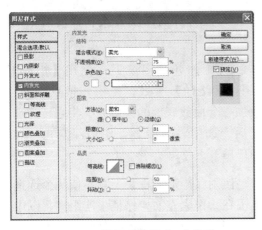

图 9-4-5　设置图层样式：内发光　　　　图 9-4-6　设置图层样式后效果

03 绘制屏幕外观，再使用一次"渐变叠加"和"内部阴影"图层样式，效果如图 9-4-7 所示，参数如图 9-4-8 和图 9-4-9 所示。

04 给屏幕添加高光效果，使用钢笔工具绘制轮廓，如图 9-4-10 所示。

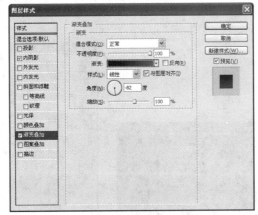

图 9-4-7　渐变叠加和内部阴影效果　　　图 9-4-8　渐变叠加的参数

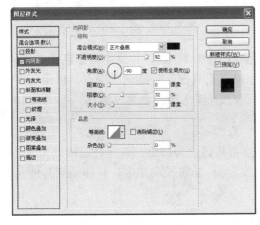

图 9-4-9　内阴影参数　　　　　图 9-4-10　绘制屏幕

05 建立中央按钮，使用一些特殊的渐变方式和梯度值，如图 9-4-11 所示。

06 新建"图层2"，使用【矩形】工具，【路径】模式，使用转换点工具，添加一个曲线底部的一部分，将它转为选区后，选中"图层2"，使用深灰色"#131313"上色。

使用【矩形选框】工具，使两个选框范围在 5 像素左右，保证平均距离，以中心为对齐。然后，按住 *Alt* 键，然后按 ↑ 键，按一些遮罩按钮，PS 将自动反选遮罩，如图 9-4-12 所示。

图 9-4-11　制作高光部分

图 9-4-12　绘制按钮

07 继续使用图层样式设定，添加一个轻微向下的阴影，距离设为"0"，浑浊为"90 %"，大小为"25px"。同时，给它一个扭转黑色内发光，这将给它一个薄反射光边缘，如图 9-4-13 和图 9-4-14 所示。

图 9-4-13　绘制按钮

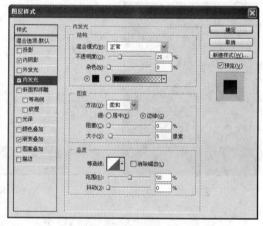

图 9-4-14　添加内发光

08 复制按钮层，删除遮罩和层样式，并改变其颜色为白色。把它移到下面，并使用删除锚点工具删除顶端两个锚点，但保留底部的曲线，使用转换点工具来调整路径，如图 9-4-15 ~ 图 9-4-18 所示。

09 现在复制此层，改变其颜色为白色，其混合选项设为"正片叠底"（再次取消其白色像素）。编辑径向梯度，并移动到其他角落，如图 9-4-19 所示。

图 9-4-15　制作曲线

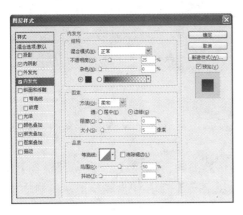

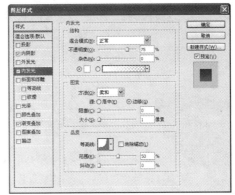

图 9-4-16 添加内发光　　　　　　图 9-4-17 添加内发光

10 接听与挂线按钮的制作，主要用到自选图形，再利用【路径】工具进行修改，效果如图9-4-20所示。

11 添加手机的键盘文字，效果如图9-4-21所示。

12 保存文档。最终效果如图9-4-22所示。

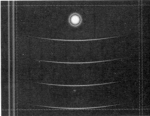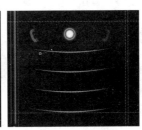

图 9-4-18 复制多份后的效果　图 9-4-19 竖线制作　图 9-4-20 制作接听与挂线按钮　图 9-4-21 添加文字后的效果

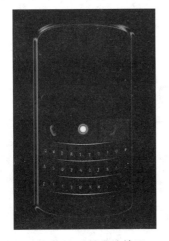

图 9-4-1 手机最终效果

任务9.5 手绘水果——"哈密瓜"

图 9-5-1 效果图

任务介绍：通过各种点阵绘图的方法绘制哈密瓜。

设计目的：通过对哈密瓜的制作熟练掌握各种点阵绘图的技巧。

操作要求：利用【路径】工具、【矩形】工具与【椭圆】工具、【自选图形】工具等点阵绘图法绘制哈密瓜，效果如图 9-5-1 所示。

技能点拨：【路径】工具、【点阵绘图】。

▌▌创作步骤 ▌▌▌▌▌▌▌

图 9-5-2 绘制椭圆

01 新建 640×480 像素文档，白色背景。新建一图层，用【椭圆】工具在画布中间画个大椭圆，填充浅绿色 RGB（159，182，115），如图 9-5-2 所示。

02 将选区储存为"Alpha1"，取消选择，双击图层，设置图层样式为"内发光"，建立一个深绿色的内发光效果：混合模式为"正片叠底"，不透明度为"85%"，颜色浅绿色（66,82,36），大小设为"8"，效果如图 9-5-3 所示。

03 将图层样式去除，可参考方法为：在背景层上新建一图层，将"图层 1"向下和这个空图层合并变为普通层，然后利用【钢笔】工具钩出上半部不要的部分，删除。这部分是瓜肉，不要钩得太光滑，效果如图 9-5-4 所示。

图 9-5-3 制作深绿色内发光效果

图 9-5-4 删除多余部分

04 制作一定的纹理。执行【杂色】命令，参数【半径】设为"2%"，勾选"单色"（注意：这些纹理只会显示瓜皮部分，瓜肉部分将会被覆盖），效果如图 9-5-5 所示。

05 由于瓜的弧度、瓜皮的底部内容不可缺少，所以要做以下处理。进入通道，新建"Alpha2"，填充"50% 灰色"，添加杂色，参数【数量】设为"10%"。执行【晶格化】命令，参数【大小】设为"15"。再执行【查找边缘】命令，按 *Ctrl* + *L* 组合键调出【色阶】，将黑色滑块往右拉到尽头，效果如图 9-5-6 所示。

 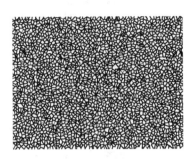

图 9-5-5　添加杂色后的效果　　　　图 9-5-6　制作瓜皮纹理

06 载入"Alpha2"，反选，回到图层，在"背景"上新建"图层 1"，填充颜色 RGB（200，179，154）。取消选择，载入"Alpha 1"选区，执行【球面化】命令，数量设为"60"。按 *Ctrl* + *F* 组合键再执行一次，反选删除，取消选择，如图 9-5-7 所示。

图 9-5-7　瓜皮纹理进行球面化处理

07 在"背景"上再新建"图层 2"，载入图层 1 的选区，填充浅绿色（89，110，60），取消选择，向下移动几个像素。选择"图层 1"，也同样向下移动几个像素，载入"图层 2"的选区，反选删除，如图 9-5-8 所示。

图 9-5-8　删除多余部分

08 在瓜皮层上新建一层，载入瓜皮的选区，填充浅黄色 RGB（236，171，95）。将选区向上移动几个像素，羽化设为"7"，反选删除 2 次，如图 9-5-9 所示。

图 9-5-9　制作瓜肉

09 新建一图层，填充"50% 灰色"，执行【滤镜】/【艺术效果】/【海绵】命令，参数【大小】设为"1"，【定义】设为 2，【平滑】设为"2"。然后载入瓜肉的选区，反选删除，将混合模式设为"叠加"，降低不透明度为"70%"，向下合并到"瓜肉"层。这时向下合并后图像发生了变化，在瓜肉的下沿出现一圈浅灰色。原来叠加是将下面所有的图层都叠加了，所以可以载入瓜肉层，把选区缩小"8"像素，反选后把纹理层内容删除一些，如图 9-5-10 所示。

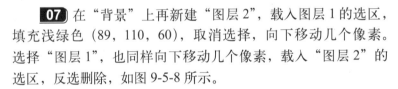

图 9-5-10　为瓜肉添加纹理

图 9-5-11 为瓜肉添加另一纹理

图 9-5-12 制作瓜肉的上部

图 9-5-13 绘制椭圆

图 9-5-14 绘制盘子

10 这时瓜肉的纹理还不够，再新建一图层，按 **D** 键复位色板后执行【云彩】命令，再执行【查找边缘】命令，调出【色阶】对话框加深黑色，图层混合模式设为"颜色加深"，适当调低透明度，向下合并，如图 9-5-11 所示。

11 处理瓜肉的上部，用【钢笔】钩出选区。光源是从左上来的，确定了明暗的位置，用【加深】工具和【减淡】工具在选区内涂抹，如图 9-5-12 所示。

12 哈密瓜画好了，现在来画盘子。考虑将盘子分为 3 个部分：盘口、盘身和盘底。在背景层上新建一图层，用【椭圆】工具拉一个选区，填充蓝色 RGB（76，91，122），以下盘子需要填充的部分都用这个颜色，如图 9-5-13 所示。

13 将选区储存起来后，收缩约"7"个像素，执行删除操作，将这个内圈选区储存，如图 9-5-14 所示。

14 用【加深】和【减淡】工具处理盘口，深色部分是两边和中间。被哈密瓜挡住部分就不用理了，当然，如果想隐藏哈密瓜后能看到一个完美的盘子，就要将后面也处理好。高光部分，新建一个图层用白色【画笔】来涂，修改好了合并到盘口。处理盘口时可调出储存的选区来辅助，效果如图 9-5-15 所示。

15 新建一图层画出盘底的高光，顺便将盘身的一点高光也画出来。由于这时背景色很浅，对比度低，最终完成效果如图 9-5-16 所示。

16 保存文档。

图 9-5-15 盘子高光部分处理

图 9-5-16 完成效果图

任务小结

　　本任务通过各种点阵绘图的技巧，综合应用图层样式、滤镜、涂抹等方法绘制出逼真的哈密瓜。鼠绘侧重于对鼠标的控制力，也就是鼠控，并且要求操作者能够熟练使用软件，而对于美术基础的要求尚在其次。鼠绘是一种借助格式化参数与方法的综合技巧应用，其绘制方式需要长期练习。

任务9.6　制作"汶川地震"海报

任务介绍："汶川地震"海报的制作综合了图层混合模式、蒙版合成技巧、文字透视，加深对图像合成的了解。

设计目的：巩固图层混合模式、色阶的应用，加强蒙版、透视、效果修饰，制作出令人视觉震撼的海报。

操作要求：要求用如图 9-6-1 所示的素材和图层混合模式、文字透视、蒙版、色阶等制作如图 9-6-2 所示的地震海报。

技能点拨：【透视】、【图层蒙版】、【透明度】的应用技巧。

图 9-6-1　素材

图 9-6-2　"汶川地震"海报效果图

创作步骤

01 新建文件，命名为"汶川地震海报 .psd"，大小 PAL D1/DV，【分辨率】设为"72"像素 / 英寸，【颜色模式】为"RGB 颜色"，【背景内容】设为"背景色"黑色，如图 9-6-3 所示。

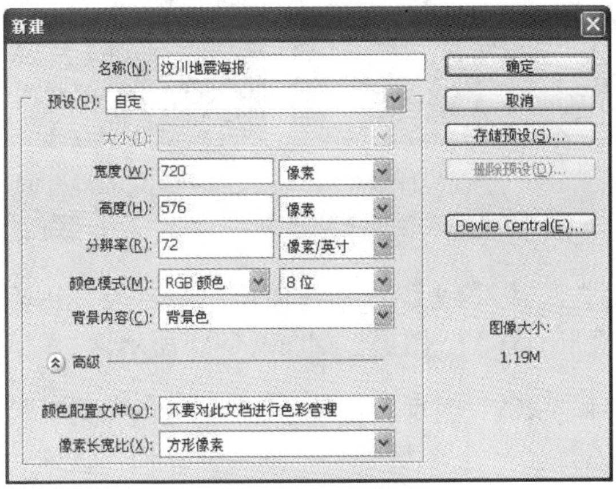

图 9-6-3　新建文档

图 9-6-4 云彩效果

02 新建"图层1"，设置前景色为白色，背景色为黑色，执行【云彩】滤镜命令，效果如图 9-6-4 所示。

03 选中"图层1"，按 `Ctrl` + `T` 组合键，先将图形调整，如图 9-6-5 所示。然后执行【斜切】命令，变换效果如图 9-6-6 所示。再使用组合键 `Ctrl` + `T` 将图形拉伸，如图 9-6-7 所示。

图 9-6-5 变形

图 9-6-6 斜切

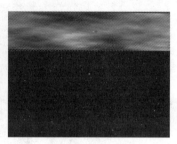

图 9-6-7 拉伸

04 复制"图层1"，这时会新增一个图层为"图层1 副本"。将此图层的混合模式设置为"叠加"，并按 `Ctrl` + `T` 组合键，将图形进行竖向拉伸调整，如图 9-6-8 所示。

注意： 这样处理的目的是为了让云彩更真实

05 复制"图层1 副本"，这时会新增一个图层为"图层1 副本2"。此图层的混合模式设置为"叠加"，并按 `Ctrl` + `T` 组合键，再将图形进行竖向拉伸调整，如图 9-6-9 所示。

06 在"图层1 副本2"上面新建"图层2"，填充为蓝色，设 R 为 38，G 为 94，B 为 178，并将此图层混合模式设为"叠加"，如图 9-6-10 所示。

图 9-6-8 "图层1 副本"
竖向拉伸调整

图 9-6-9 竖向拉伸调整
"图层1 副本2"

图 9-6-10 混合模式设为
叠加的效果

07 在"图层2"上面，新建图层，命名为"SKY"。将前景色设为黑色，填充"SKY"图层，如图 9-6-11 所示。

08 选中"SKY"图层，执行【图层】/【图层蒙版】/【显示全部】命令，这时添加了一个图层蒙版，图 9-6-12 所示。选中此图层的蒙

版，设置默认前景色和背景色，进行线性填充蒙版，效果如图 9-6-13
所示。

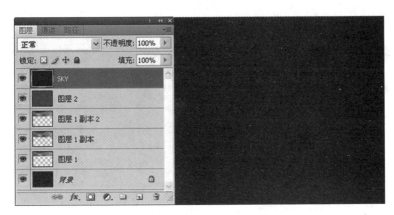

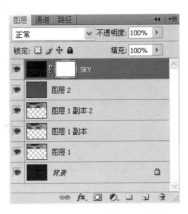

图 9-6-11　SKY 图层填充为黑色　　　　图 9-6-12　SKY 的图层蒙版

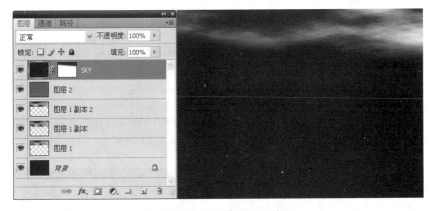

图 9-6-13　蒙版处理后的效果

09 在"SKY"图层上面新建图层，命名为"闪电"。设置默认
的前景色和背景色，执行【云彩】滤镜命令，效果如图 9-6-14 所示。
接着执行【分层云彩】滤镜命令，效果如图 9-6-15 所示。

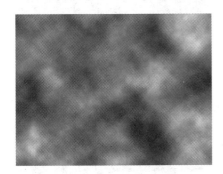

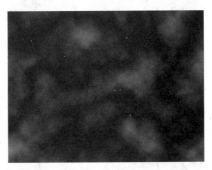

图 9-6-14　云彩效果　　　　　　图 9-6-15　分层云彩效果

10 选中"闪电"图层，执行【色阶】命令，参数设为"3，1.95，37"，效果如图9-6-16所示。接着执行【反相】命令，效果如图9-6-17所示。

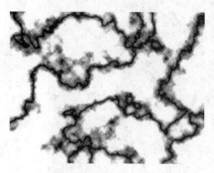 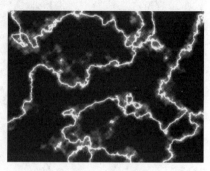

图9-6-16 色阶处理效果　　　　　　　图9-6-17 反相效果

11 选中"闪电"图层，执行【色相/饱和度】命令，勾选【着色】复选框，参数设为"211，56，–8"，效果如图9-6-18所示。

12 用【套索】工具抠选一部分闪电光，按组合键 *Ctrl* + *T* 调整闪电大小及位置，如图9-6-19所示。并将"闪电"图层的混合模式设为"滤色"，效果如图9-6-20所示。

13 用【文本】工具输入"EARTHQUAKE"，字体为"Arial Black"，使用复制及变形调整，效果如图9-6-21所示。

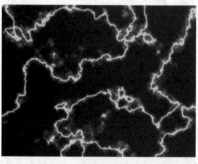 

图9-6-18 调整色相/饱和度后效果　　　图9-6-19 截取闪电

图9-6-20 设置图层混合模式后的效果　　图9-6-21 输入文字后效果

14 接着删格化文字图层,将图层的透明度设为"24%",效果如图 9-6-22 所示。

15 输入文字"汶川地震",字体大小"100",字体为"宋体",如图 9-6-23 所示。

16 输入文字"8",字体为"Arial Black"。再使用【椭圆选框工具】制作圆环与"8"文字合并,如图 9-6-24 所示。

图 9-6-22　调整透明度后效果

17 栅格化文字"汶川地震"图层,与"圆环8字"图层合并,图层重命名为"文字"。执行【透视】命令,设置前景色 RGB (255,252,162)、背景色 RGB (217,123,0),然后使用线性渐变填充,效果如图 9-6-25 所示。

> **提　示**
>
> 　下面的操作是使用两张素材合成火烛效果。

18 复制"文字"图层,这时新增一个"文字副本"图层。将它移至"文字"图层下面,调整位置,设置前景色 RGB (100,58,4),填充文字,效果如图 9-6-26 所示。

图 9-6-23　输入文字

图 9-6-24　制作圆环和 8 字

图 9-6-25　上色后效果

图 9-6-26　"文字副本"图层上色效果

19 打开教学光盘＼素材＼单元 9＼9.6 汶川地震海报的"灯光1.jpg"和"灯光 2.jpg"文件,将它们复制粘贴到"文字副本"图层下,如图 9-6-27 所示。

20 隐藏"灯光2"图层。选中"灯光1"图层，添加图层蒙版，并选中图层蒙版，设置默认的前景色和背景色。接着用【渐变】工具的径向渐变填充蒙版，使得图像达到如图9-6-28效果。

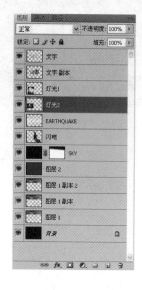

(a)

图9-6-27 置入素材的图层位置

(b)

图9-6-28 "灯光1"图层的蒙版处理

21 将"灯光1"图层的透明度设为"25%"，效果如图9-6-29所示。

22 显示"灯光2"图层，添加图层蒙版，并选中图层蒙版，设置默认的前景色和背景色，接着用【渐变】工具的径向渐变填充蒙版，效果如图9-6-29所示。

23 将"灯光2"图层的透明度设为"50%"，效果如图9-6-30所示。

图9-6-29 "灯光2"图层的蒙版处理效果

图9-6-30 "灯光2"图层设置透明度后效果

24 复制"闪电"图层，把"闪电副本"图层移至图层最顶层，按 Ctrl + T 组合键调整图像，如图9-6-31所示。

25 选中"闪电"图层，将图层的透明度设为"60%"，效果如图 9-6-32 所示。

(a)

图 9-6-31　调整"闪电副本"图层位置

(b)

图 9-6-32　设置"闪电"图层的透明度后效果

26 在"闪电副本"图层上面新建图层，命名为"雨"。设置默认的前景色和背景色，执行【云彩】滤镜命令，效果如图 9-6-33 所示。

27 执行【动感模糊】滤镜命令，【角度】设为"−42"，【距离】设为"450"，效果如图 9-6-34 所示。

图 9-6-33　云彩滤镜效果

图 9-6-34　动感模糊效果

28 执行【添加杂色】滤镜命令，【数量】设为"86%"，【分布】设为"高斯模糊"，勾选【单色】选项，效果如图 9-6-35 所示。

29 执行【动感模糊】滤镜命令，【角度】设为"−42"，【距离】设为"450"，效果如图 9-6-36 所示。

图 9-6-35　添加杂色效果

图 9-6-36　再次动感模糊效果

30 将"雨"图层的混合模式设置为"滤色",并将图层的透明度设置为"48%",效果如图 9-6-37 所示。

31 保存文档。

任务小结

　　本任务加强蒙版、透视、效果修饰,制作出令人视觉震撼的海报,着重使用图层的透明与半透视的处理方法。

图 9-6-37　设置图层的混合模式与透明度后效果

任务9.7　给沙发换漂亮的外衣

任务介绍: 本任务利用一张花纹图片给一张纯色的沙发贴图,通过【消失点】滤镜的使用,达到仿3D的贴图效果。

设计目的: 给纯色的沙发换上漂亮的外衣,不同的素材,可以得到不同的外衣。

操作要求: 能制作合适的选区,掌握恰当的变形透视,熟练【消失点】滤镜的使用,图9-7-1和图9-7-2所示分别为素材和效果图。

技能点拨: 掌握滤镜【消失点】的使用技巧,达到两个面之间的无缝贴图。

图 9-7-1　素材

图 9-7-2　"给沙发换漂亮的外衣"效果图

创作步骤

01 打开教学光盘 \ 素材 \ 单元 9\9.7 给沙发换漂亮的外衣的"沙发 .jpg"和"花纹 1.jpg"素材，如图 9-7-3 所示。

02 单击标签转换到"花纹 1"的窗口，按 **Ctrl** + **A** 组合键全选，再按 **Ctrl** + **C** 组合键，对素材复制。花纹素材如图 9-7-4 所示。

03 单击标签转换到"沙发"的窗口，选择【磁性套索】工具，沿沙发的边缘进行选取。当定位单击有误时，可以按"退格"键 *Backspace* 撤销有误的定位点。选择回到起点时，双击则闭合选区，

图 9-7-3　打开的素材

再检查选区选择的内容是否达到要求，未达到要求的可以用【自由套索】工具添加或减少选区，最终选区如图 9-7-5 所示。

图 9-7-4　花纹素材

图 9-7-5　沙发选区

注意：移动的速度不要太快，可以放大（组合键为 **Ctrl** + **+** ）窗口查看工作区，当窗口看不到某部分时，按下空格键，用鼠标拖动图片就可看到窗口外的图片内容。

04 在选区内右击，选【调整边缘】命令，如图 9-7-6 所示。在弹出的对话框中把【平滑】设为"2"，其他设置保留默认，单击【确定】按钮，如图 9-7-7 所示，此时得到一个平滑边缘的选区。

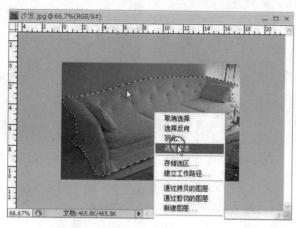

图 9-7-6 调整边缘

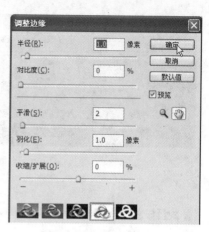

图 9-7-7 调整边缘参数

图 9-7-8 羽化选区

图 9-7-9 羽化选区参数

05 在选区内右击，选【羽化】命令，如图 9-7-8 所示。在弹出的对话框中把数值设为"2"，其他默认，单击【确定】按钮，如图 9-7-9 所示，此时得到一个平滑边缘带羽化的选区。

06 单击菜单命令【图层】/【新建】/【通过拷贝的图层】，得到只是沙发的"图层 1"。按住 *Ctrl* 键，单击"图层 1"，得到沙发的选区，如图 9-7-10 所示。

07 单击当前【图层】面板上的【添加蒙版】按钮，给当前层添加蒙版，此时，该图层中沙发以外的地方是隐藏的，如图 9-7-11 所示。

08 单击菜单命令【滤镜】/【消失点】，进入编辑窗口，单击【创建平面工具】按钮 ，如图 9-7-12 所示。

09 在沙发上不同的方向创建不同的网格平面，每个平面在立体空间上是透视关系，用编辑平面工具调节每个平面的大小和位置，面与面之间一定要交叉，如图 9-7-13 所示。

图 9-7-10 载入选区

图 9-7-11 添加蒙版示意图

图 9-7-12 消失点编辑窗口

图 9-7-13 创建透视平面

10 按下 `Ctrl` + `V` 组合键，把刚才复制好的花纹图片粘贴到当前窗口，如图 9-7-14 所示。

11 拖动花纹图片到其中一个平面里，按下 `Ctrl` + `T` 组合键，调节图片的大小、角度。此时花纹在平面里得到了透视效果，如图 9-7-15 所示。

12 按住 `Alt` 键，拖动鼠标，把当前花纹图片复制填满当前平面，此过程可以把图片水平翻转，更好地连接两张图片，如图 9-7-16 所示。

13 按住 `Alt` 键，把当前花纹图片复制到另一个平面，同理填满其他平面。处理平面的时候要注意顺序，当两个平面相交，后填充花纹的平面会把先填充花纹的重叠部分遮盖，所以，可以最后处理坐垫和靠背的平面，填充花纹最终效果如图 9-7-17 所示。

图 9-7-14 把花纹图粘贴进来

图 9-7-15 编辑花纹图形状

图 9-7-16 侧面透视图填充花纹效果

图 9-7-17 透视图填充花纹效果

图 9-7-18　图层混合模式及效果

14 单击【确定】按钮结束【消失点】滤镜的编辑，"图层 1"的图层混合模式设置为"柔光"，图层的【不透明度】设置为"78%"，【填充】设为"88%"，如图 9-7-18 所示。这时发现超出沙发部分的花纹消失了，因为此图层之前添加了蒙版，沙发以外的部分都是隐藏的。

任务小结

本任务主要是学习滤镜消失点的应用，该滤镜主要是对三维物体的表面进行透视效果的贴图。创建贴图平面的时候要注意平面的透视方向，贴图要注意先后顺序，后贴图会把先贴图的交叉部分遮盖。此外，图层混合模式及图层透明度的调整等应用，可以得到更好的三维贴图效果。

任务9.8　制作国画——"残荷"

图 9-8-1　素材

任务介绍：国画制作综合了绘图、去色、色彩平衡、对比度、滤镜、液化等操作，是 PS 图像处理中不可缺少的部分。

设计目的：巩固图层混合模式、色阶的应用，加强去色、色彩平衡、液化、滤镜等效果修饰，制作出国画艺术效果。

操作要求：用去色、图层混合模式、色阶、色彩平衡、滤镜等制作出国画效果。图 9-8-1 和图 9-8-2 所示分别为"图画制作"素材和效果图。

技能点拨：【去色】、【滤镜】、【色彩平衡】的应用技巧。

图 9-8-2　"国画制作"效果图

■■创作步骤

01 新建文件，各项设置如图 9-8-3 所示。

02 设置前景颜色 RGB，如图 9-8-4 所示。然后单击【编辑】/【填充】命令用前景色填充画布背景。

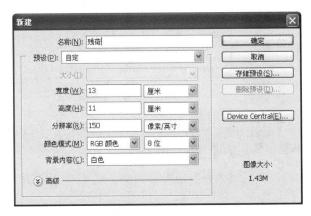

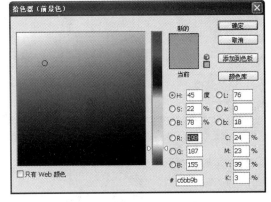

图 9-8-3　新建文档"残荷"　　　　　　图 9-8-4　画布背景颜色

03 执行【海绵】滤镜命令，参数【画笔】设为"3"，【定义】设为"12"，【平滑】设为"6"，效果如图 9-8-5 所示。

04 执行【高斯模糊】滤镜命令，【半径】设为"0.6"像素，如图 9-8-6 所示。

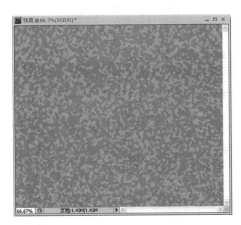

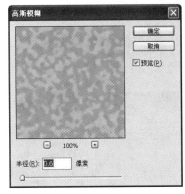

图 9-8-5　执行海绵滤镜后的效果　　　图 9-8-6　执行高斯模糊滤镜

05 执行【色阶】命令，参数如图 9-8-7 所示。

06 执行【色相 / 饱和度】命令，【饱和度】设为"24"，如图 9-8-8 所示。

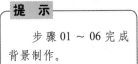

提　示

　　步骤 01 ~ 06 完成背景制作。

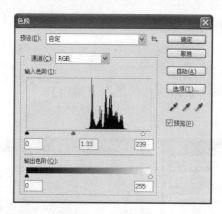

图 9-8-7　色阶参数

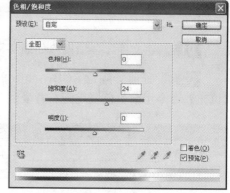

图 9-8-8　色相 / 饱和度参数

提示

步骤 07 ~ 16 完成
对素材图片的编辑。

07 打开教学光盘 \ 素材 \ 单元 9\ 荷叶 .jpg 文件，将其粘贴进"残荷 .psd"中，调整大小及位置，如图 9-8-9 所示。

08 选中"图层 1"，执行【去色】命令，效果如图 9-8-10 所示。

图 9-8-9　置入素材

图 9-8-10　去色处理的效果

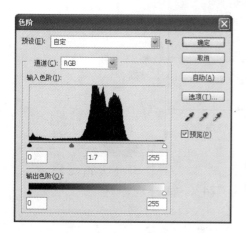

图 9-8-11　色阶处理

09 选中"图层 1"，执行【色阶】命令，参数及效果如图 9-8-11 所示。

10 执行【添加杂色】滤镜命令，参数【数量】设为"3"，【分布】设为"高斯分布"，勾选【单色】，效果如图 9-8-12 所示。

11 执行【色彩平衡】命令，设置【中间调】为"16，0，–54"，【暗调】设为"–6，0，–6"，【高光】设为"9，0，–12"，效果如图 9-8-13 所示。

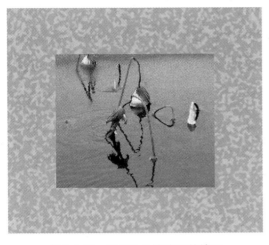

图 9-8-12　添加杂色滤镜后的效果

图 9-8-13　执行色彩平衡后的效果

12 执行【干画笔】滤镜命令,【画笔大小】设为"2",【画笔细节】设为"8",【纹理】设为"1",效果如图 9-8-14 所示。

13 执行【去斑】滤镜命令,效果如图 9-8-15 所示。

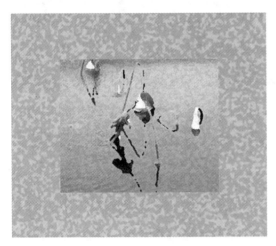

图 9-8-14　执行干画笔滤镜后效果

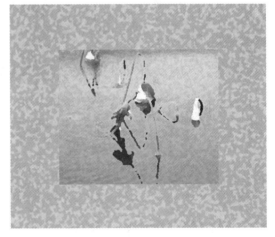

图 9-8-15　执行去斑滤镜后效果

14 执行【扩散】滤镜命令,参数设为"变暗优先",效果如图 9-8-16 所示。

15 执行【亮度 / 对比度】命令,【亮度】设为"17",【对比度】设为"–23",效果如图 9-8-17 所示。

16 执行【可选颜色】命令,参数及效果如图 9-8-18 所示。

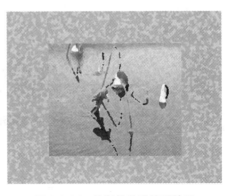

图 9-8-16　执行扩散滤镜后效果

图 9-8-17 亮度 / 对比度处理后效果

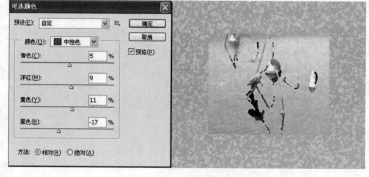

图 9-8-18 可选颜色处理

提 示

步骤 17 ~ 27 完成
边框的制作。

17 新建图层，如图 9-8-19 所示。

18 使用【放大】工具放大左上角区域，使用【画笔】工具，设置大小为"4 像素"，硬度为"0"，设置前景颜色 RGB（132，119，83），然后绘制图形，如图 9-8-20 所示。

图 9-8-19 新建图层

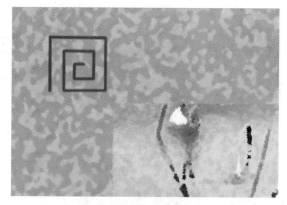

图 9-8-20 绘制图形

19 复制此图层，先执行【水平翻转】命令，再执行【垂直翻转】命令，移动位置，合并两个图层，重命名为"形状"，效果如图 9-8-21 所示。

20 恢复画布的显示比例，调整图案大小，添加标尺和参考线，如图 9-8-22 所示。

21 选中"形状"图层，按 Ctrl + Alt + T 组合键复制此图层，调整位置，如图 9-8-23 所示。

22 按 Ctrl + Shift + Alt + T 组合键，连续复制多个，并调整位置，如图 9-8-24 所示。同时把调整后的形状图层进行合并，重命名为"形状链"。

图 9-8-21　复制图形并调整后效果

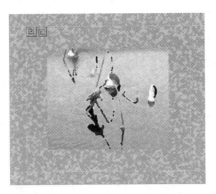

图 9-8-22　添加标尺及参考线

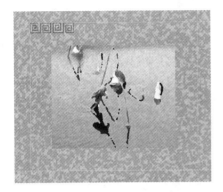

图 9-8-23　用组合键复制图形

图 9-8-24　用组合键连续复制图形

23) 复制"形状链"图层，用【移动】工具把复制后的图层移动到底部，与底部的参考线对齐，如图 9-8-25 所示。

24) 再复制"形状链"图层，执行【旋转90度（顺时针）】命令，用【移动】工具把复制后的图层移动到左侧，与左侧的参考线对齐，如图 9-8-26 所示。

25) 再复制"形状链"图层，执行【旋转90度（顺时针）】命令，用【移动工具】把复制后的图层移动到右侧，与右侧的参考线对齐，如图 9-8-26 所示。

注意：如果垂直的形状链过长，可以删除多余的形状，使画面达到完美。

26) 隐藏"背景"图层和"图层1"荷叶图层，合并可见图层，取消标尺、参考线，如图 9-8-27 所示。

27) 使用【矩形选框】工具创建选区，执行【描边】命令。设置参数：【宽度】设为"3像素"，描边颜色 RGB（R 为 90，G 为 80，B 为 40），取消选区，效果如图 9-8-28 所示。

图 9-8-25　复制图形移至底部

图 9-8-26　制作左右两边的图形

图 9-8-27　取消标尺及参考线

图 9-8-28　创建矩形选区并描边后效果

<table>
<tr><td>

提　示

　　步骤 28 ~ 34 完成印章的制作。

</td></tr>
</table>

28 新建图层，隐藏其他图层，使用【矩形选框】工具创建选区，如图 9-8-29 所示。

29 执行【描边】命令，参数【宽度】设为"8"，描边颜色 RGB（202，0，0），取消选区，如图 9-8-30 所示。

图 9-8-29　制作选区

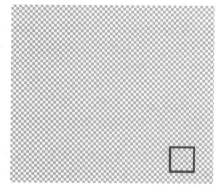
图 9-8-30　选区描边

30 执行【高斯模糊】滤镜命令，参数【半径】设为"2"，使用【橡皮擦】工具和【涂抹】工具，更换不同的画笔及不同的主直径进行修改。执行【扩散】滤镜命令，参数【模式】设为"正常"，效果如图 9-8-31 所示。

31 使用【文字】工具，输入文字"青竹"，字体为"繁篆书"，栅格化图层。先执行【高斯模糊】滤镜命令，参数【半径】设为"1"。再执行【扩散】滤镜命令，参数【模式】设为"正常"。再执行【高斯模糊】滤镜命令，参数【半径】设为"1"，然后使用【橡皮擦】工具进行处理，效果如图 9-8-32 所示。

图 9-8-31　编辑方形后的效果　　　　图 9-8-32　输入文字后处理的效果

32 合并制作印章的两个图层，显示隐藏的图层，调整印章的大小，位置，如图 9-8-33 所示。

33 使用【文字】工具输入竖向文字"残荷"，字体为华文行楷，字体颜色设 R 为 32，G 为 32，B 为 32，删格化图层。执行【扩散】滤镜命令，参数【模式】设为"正常"。将"印章"的图层移动到最顶层，将图层模式设为"正片叠底"，如图 9-8-34 所示。

图 9-8-33　合并印章层　　　　　　　图 9-8-34　输入"残荷"文字

34 保存文档。

任务小结

本任务加强了去色的使用技巧，使用滤镜效果制作出国画艺术效果，描边加液化滤镜制作印章的效果。

任务9.9 制作"蜻蜓点荷"动画效果

任务介绍：给出两个静止的图片，制作出一只蜻蜓飞到荷花上，轻拍两下翅膀，再飞离荷花的动画。

设计目的：使用 PS 制作一个简单的 gif 动画。

操作要求：熟练使用 Animation(frames) 面板进行帧的增加，掌握每帧播放时间的调整。图 9-9-1 和图 9-9-2 所示分别为素材和效果图。

技能点拨：设置每帧的时间，使动态对象符合物体运动的规律。

图 9-9-1 素材

图 9-9-2 "蜻蜓点荷花动画"效果图

创作步骤

01 打开教学光盘\素材\单元9\9.9蜻蜓点荷动画中的"荷花.jpg"和"蜻蜓.jpg"素材，如图 9-9-3 所示。

02 拖动"蜻蜓"窗口作为一个独立窗口，单击套索工具，把蜻蜓的大体范置圈出来，如图 9-9-4 所示。

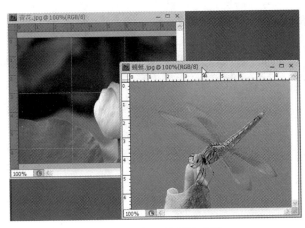

图 9-9-3　打开用到的素材

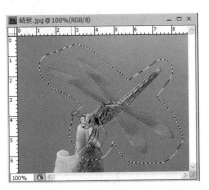

图 9-9-4　蜻蜓选区效果

03 按 **Ctrl** + **J** 组合键得到"图层 1"，隐藏背景图层。选魔术棒工具 🪄，单击蜻蜓背景色的地方，对着选区右击，选择【羽化】命令，设置数值为"1"，按 **Delete** 键，效果如图 9-9-5 所示。

04 选择橡皮擦工具 ✏️，设置合适大小的柔化笔触，使用组合键 **Ctrl** + ➕ 放大蜻蜓，按下空格键，将光标移动到蜻蜓头部和脚的部分，用【橡皮擦】工具擦去多余的部分（注意笔触的大小调节可按"["或"]"键），效果如图 9-9-6 所示。

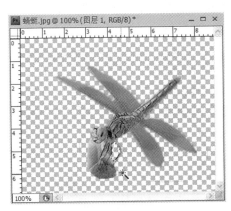

图 9-9-5　去掉背景效果

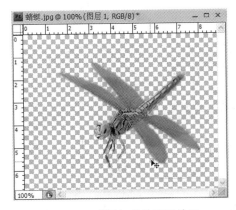

图 9-9-6　背景细节处理后效果

05 用移动工具 ➤ 把蜻蜓拖到荷花的文档中，使用组合键 **Ctrl** + **T**，调节蜻蜓的大小和位置，如图 9-9-7 所示。双击"图层 1"，把当前图层改名为"蜻蜓"。

06 按下 **Ctrl** + **J** 组合键，把当前层复制一层。

07 按 **Ctrl** + ➕ 组合键，放大蜻蜓图片，选择套索工具 ⟲，把蜻蜓右翅膀圈出来，如图 9-9-8 所示。

图 9-9-7 蜻蜓大小位置调节后效果

图 9-9-8 蜻蜓翅膀选区

图 9-9-9 蜻蜓分层处理效果

图 9-9-10 蜻蜓翅膀变形

图 9-9-11 调节翅膀位置

08 使用组合键 *Ctrl* + *Shift* + *J*，把蜻蜓右翅膀剪切到新的图层。双击当前层，把当前层改名为"右1"。同理，把蜻蜓左翅膀剪出来作为单独一个图层，改名"左1"。最后"蜻蜓副本"的图层改名为"身体"，如图 9-9-9 所示。

09 单击"右1"的图层，使用组合键 *Ctrl* + *T*，再把变形中心点移动至翅膀接近身体的那一边，再按下 *Ctrl* 键，调节变形控制点，使翅膀往下变小一点，如图 9-9-10 所示。

10 同理，变形蜻蜓的左翅膀，身体部分也可进行微小变形和移动，因为蜻蜓在拍翅膀时身体也会移动。隐藏"蜻蜓"图层，观察翅膀和身体的位置，这时，一般翅膀和身体有间隙，用【移动】工具选翅膀，再用键盘的方向键微移，如图 9-9-11 所示。

11 单击菜单命令【窗口】/【动画】，调出做动画的面板，隐藏"右1"、"左1"、"身体"的图层，显示"蜻蜓""背景"图层，在动画面板中按【新建】按钮新建两个帧，如图 9-9-12 所示。

图 9-9-12　动画编辑面板

12 在动画面板上单击第 1 帧，选择"蜻蜓"图层，在图层面板上把" ☑传播帧1 "前的勾去掉，否则会改变蜻蜓的位置，所有帧上的蜻蜓都会发生位置改变。用移动工具把蜻蜓拖动到窗口右上角，如图 9-9-13 所示。

13 同理单击动画面板上的第 3 帧，用【移动】工具 把蜻蜓拖动到窗口右下角。至此，已确定了蜻蜓运动的三个关键位置，如图 9-9-14 所示。

图 9-9-13　蜻蜓起点位置

图 9-9-14　蜻蜓终点位置

14 在动画面板选中第 2 帧，按动画面板中的新建按钮 两次，得到第 3、4 帧，这时，第 2、3、4 帧的画面是一样的，如图 9-9-15 所示。

15 单击动画面板上的第 3 帧，把"蜻蜓"图层隐藏，显示"右 1""左 1""身体"图层，如图 9-9-16 所示，这时图片上显示的是蜻蜓往下拍翅膀时的形态，第 2、3、4 帧就形成了蜻蜓一个拍翅膀的动作。

16 按住 *Ctrl* 键，把第 2、3、4 帧同时选中，单击动画面板的【新建】按钮 ，把当前三个帧复制，得到第 5、6、7 帧，这样，蜻蜓实现了两次拍翅膀的动作，如图 9-9-17 所示。

图 9-9-15　帧的复制

图 9-9-16　图层的隐藏和显示设置

241

图 9-9-17 动作的复制

17 单击动画面板第 1 帧，按住 *Shift* 键，单击第 8 帧，把第 1～8 帧全部选中。在某帧上单击下三角按钮 0秒▾，设置播放时间为 0.1 秒，如图 9-9-18 所示。

18 按住 *Ctrl* 键，同时选中第 1、2 帧，单击动画面板上的帧过渡按钮 ▨，在弹出的窗口中进行设置，如图 9-9-19 所示。添加的帧数越大，动画越精细。应根据物体运动规律。

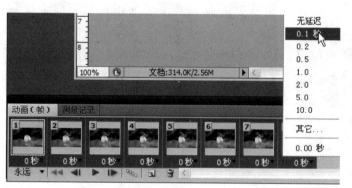

图 9-9-18 帧时间设置

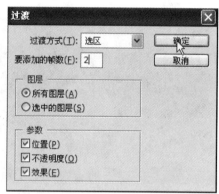

图 9-9-19 前面动画过渡设置

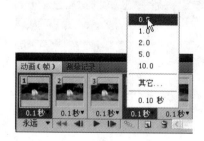

图 9-9-20 帧时间设置

19 这时，蜻蜓从右上角飞到荷花上就添加了两个过渡帧，使动画过渡更自然，第 2、3 帧的过渡是计算机计算生成的位置，和第 1、4 帧的位置在同一直线上。按住 *Ctrl* 键，同时选中第 1、4 帧，单击第 4 帧的下三角按钮，设置帧播放时间为 0.5，如图 9-9-20 所示。此两帧是蜻蜓起点和停在荷花上的两帧，时间要比其他的要长一点。

20 按住 *Ctrl* 键，同时选中第 9、10 帧，单击动画面板上的帧过渡按钮 ▨，在弹出的窗口中进行设置，如图 9-9-21 所示。这时蜻蜓从荷花上飞到窗口外有 4 帧组成，使动画过渡得更自然。

21 按住 *Ctrl* 键，同时选中第 9、12 帧，单击第 9 帧的下三角按钮 0秒▾，设置帧播放时间为 0.5，如图 9-9-22 所示。

图 9-9-21　后面动画过渡设置

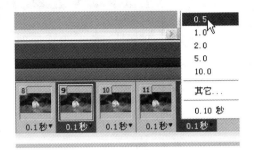

图 9-9-22　帧时间设置

22 单击动画面板上的播放按钮，可以测试动画的效果，如图 9-9-23 所示。根据需要调节每个帧的播放时间，或者在适当的地方增加帧，或在某帧上调节蜻蜓的位置，使动画得到最好的效果。

图 9-9-23　预览效果

23 输出 gif 动画格式：单击菜单命令【文件】/【存储为 web 和设备所用格式】，如图 9-9-24 所示。

24 在弹出的对话框中单击"存储"，其他设置默认，如图 9-9-25 所示。

图 9-9-24　输出选择

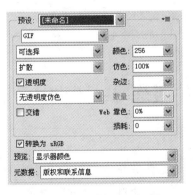

图 9-9-25　输出设置面板

25 选择输出路径和文件名，即可得到 gif 动画文件，如图 9-9-26 所示。

图 9-9-26　输出路径和类型设置

任务小结

　　本任务利用 Photoshop 制作一个简单的 gif 动画。Photoship 是一个图形处理软件，但有时为了快捷实用地制作网页上的一些小动画，特别是一些只有几个画面的动画，如 QQ 表情、小广告等，用 Photoshop 来制作是绰绰有余的。制作动画时要注意每帧的播放时间和帧的多少，符合物体运动的规律，如本实例中蜻蜓的飞动过程，应该设置停在荷花上的帧的播放时间稍长，飞动的过程中帧播放的时间稍短。蜻蜓拍翅的动作节奏也应该由帧播放时间来控制。此外，图层的利用也很重要，有动作的部分最好放单独一个图层，这样，在需要控制动作时就设置该图层的隐藏或显示，设置该层物体的形状变化达到物体局部的动作。

任务9.10　扩展练习：VI设计

　　任务介绍： VI 设计实例（格瑞环保有限公司的 VI 设计）

　　设计目的： 通过了解企业文化，完成一套企业的 VI 设计。

　　操作要求： 按照企业提出的要求，设计出的标志体现企业蒸蒸日上、科技环保与诚信的企业文化。

　　技能点拨： 配色方案、创意设计

■ 创作说明

1. 任务设计品牌

格瑞环保。

2. 企业基本信息

企业中文全称：格瑞环保有限公司。
企业英文全称：暂无。
企业中文简称：格瑞环保。
企业英文简称：暂无。
公司的经营项目：园艺、环艺、保洁等。

公司简介：公司致力于对园艺、环艺的设计与开发，主要针对颗粒粉尘的捕捉，对气味的过滤。产品包括各种园艺、环艺绿化植物，室内空气过滤器，油漆雾、气味过滤器，等等。

3. 设计要求

1）标志形态：没有任何限制请随意发挥。
2）标志创作元素：没有任何限制请随意发挥。
3）标志主导色：没有任何限制请随意发挥。
4）禁忌色：无。
5）标志名称的字体：没有任何限制请随意发挥。
6）设计重点偏向于：体现行业共性。
7）目标受众年龄：没有任何限制。
8）主要影响地域：全国范围。
9）其他说明。①请详细了解公司主营产品，体现科技环保、防止和治理污染、节能降耗的产品特征，也要体现公司的高诚信度。② LOGO 中可包含多种元素无限制，由设计师自行搭配。③ 贴近公司环保特点，简洁，大气，构思精巧，易记，易识别，有科技感。④用于名片、网站、宣传样本、包装等的应用效果图。⑤标志名称的字体没有任何限制，请随意发挥。⑥ LOGO 创意设计及寓意的文字说明。⑦必须是可以注册的商标，如注册不过，设计者应免费提供补充方案。⑧附带多种配色方案，方便选择。

参考设计如图 9-10-1 ～图 9-10-3 所示。

图 9-10-1 标志

图 9-10-2 横向、竖向视觉效果

4. 知识产权说明

1）所设计的作品应为原创，未侵犯他人的著作权。如有侵犯他人著作权，由设计者承担所有法律责任。

2）选中的设计作品，公司支付设计费用后，即拥有该作品知识产权，包括著作权、使用权和发布权等，有权对设计作品进行修改、组合和应用。

图 9-10-3　参考效果

参 考 文 献

郭万军，李辉．2006．计算机图形图像处理 Photoshop CS 中文版．北京：人民邮电出版社．

郭万军，李辉，李军．2008．计算机图形图像处理 Photoshop CS3 中文版．北京：人民邮电出版社．

国家职业技能鉴定专委会．2003．Photoshop 7.0 试题汇编（操作员级）．北京：北京希望出版社．

国家职业技能鉴定专委会．2003．Photoshop 7.0 试题汇编（高级操作员级）．北京：北京希望出版社．

锐艺视觉．2009．Photoshop CS4 从入门到精通．北京：中国青年出版社．

王维．2008．平面设计 Photoshop CS2 及平面设计实训．上海：华东师范大学出版社．

新视角文化行．2009．Photoshop CS3 从入门到精通．北京：人民邮电出版社．

ACAA专家委员会．2009．Adobe Photoshop CS4 标准培训教材．北京：人民邮电出版社．

Ben willmore, Dan Ablan．2009．Photoshop CS4 中文版完全剖析．北京：人民邮电出版社．